JN162725

講談社

412
六本木通り
Roppongi
418
外苑西通り
Gaiennishi - dori

はじめに

ICECREAM AND GIRL AND ICECREAM AND GIRL

じょしよ、メイクをして、
あいすくりーむを食べに街へ出よう

1967年、寺山修司というえらいひとがこんな名言を残した。
「書を捨てよ、町へ出よう」と。
本の知識なんかよりも、町で出会うひとや出来事や偶然のほうが断然おもしろいよと。
だから若者よ町へ出よう、と。
それに倣って、ちょうど50年後の2017年、この本はこう宣言したい。
「じょしよ、メイクをして、あいすくりーむを食べに街へ出よう」と。

アイスクリームはじょしのもの。だから、あいすくりーむ。
そしてどんな悩めるときも、食べた途端に、体温がキュンと冷え、
世界が甘く幸せに一瞬で変わる魔法の食べもの「あいすくりーむ」を
一年中堂々と食べよう、と。

さらに、それはもちろんおうちでひっそり食べても幸せなんだけど、
できればメイクをして、街や公園、ストリートやお店、つまり外で堂々と
その食べる自分を見せつけながら食べよう、と。

だって、あいすくりーむを食べるじょしの口元は世界一可愛く、無敵だ。
だから可愛い自分を世界に見せつけよう。

部屋でひとりで食べるあいすくりーむよりも、
どんな奇跡や偶然が待ってるかもしれない街であいすくりーむを食べよう。

どんな悩みも忘れるくらい美味しいあいすくりーむを探しに行こう。
それに似合う完ぺきなメイクをして。

イガリシノブとあいすくりーむとじょし委員会

ICECREAM and GIRL

002 はじめに

006 外でも家でも！ 実はいっちばんおいしい
冬とあいすくりーむとじょし

014 アイスマン福留さんに聞く
あいすくりーむとじょしは永遠に

016 表参道・広尾・恵比寿・渋谷・西麻布・代官山・祐天寺
あいすくりーむ SHOP クルーズ

032 いつだって相思相愛♡パクつきたい衝動NONSTOP！
あいすくりーむとリップのおいしいカンケイ

036 Instagramで見つけた#あいすくりーむとじょし PART 1

038 イガリシノブPresents あいすくりーむとじょしのめいく

048 全国の“おいしい”この指と～まれっ！
お取り寄せあいす、集合♡

054 難波里奈Presents
純喫茶とあいすくりーむとじょし

062 しみじみ ほっこり おいしい 浅草あいすぶらり食べ歩き

072 ココロまでトロける、あいすくりーむぐっず

078 Instagramで見つけた
#あいすくりーむとじょし PART 2

080 おいしくてかわいいがいっぱい♡
中央線各駅停車あいすの旅

084 ちんかめ×イガリシノブ specialコラボ♥
ICE CREAM&SEXY

092 Instagramで見つけた#あいすくりーむとじょし ミスiD編

093 毎日だって食べたいコンビニあいすパラダイス

098 日本中のじょしがラブコール♥
ファミリーレストランの本格ごちそうあいすくりーむ

104 みーんな大好き♡
Baskin Robbins & seventeen ice 愛されフレーバー大発表！

108 おわりに

110 しょっぷりすと

※本誌に掲載している商品の価格はすべて税抜きです。

※店舗、メーカー、季節などの都合で商品の取り扱いが変わる場合がございます。

ゆうこす

大人気モテ女子・菅本裕子の"あいす論"

あいすくりーむは
一口の一瞬がすべて

あいすくりーむって、濃いじゃないですか。
たとえばかき氷だったら水みたいなもんだからずっと食べてられるけど、
あいすは濃いから、量が食べられないんです。
だから、一口、一口が勝負。

私なら男の子を見つめながら食べますね。……なんて。
いやまじで、そんなことできませんよ(笑)
誤解されやすいんですが、私死んでも無理なんですそういうの。

だからせめて、口に運ぶ瞬間だけジッと見ます。
で、すぐまたパッとそらす。
あいすくりーむは、一口の一瞬が、すべてです。

外でも家でも！
実はいっちばんおいしい

冬と
あいすくりーむと
じょし

あいすが冷たいからって、暑い季節の食べ物だって、一体、誰が決めたの？
よくよく考えてみたら、そんなルールはこの世界中のどこにもないのです。
むしろ、寒〜い季節に冷た〜いものを口にすることこそ、極上の贅沢であると
あいすくりーむとじょし委員会は考えます。何より、ワンスプーンでじょしに幸せ
を運んでくれるあいすが夏だけの専売特許だなんて、ずるいし、ありえない。
365日いつだって、じょしがハッピーに過ごすためにはあいすが不可欠だよね？

LAITIER レティエ

冬空の下マフラーぐるぐる巻きで食べたいのはクリーミーなソフトクリーム以外ありえない。
ソフトクリームっておいしいのはもちろんなんだけど、ガーリーなコーデと相性抜群。相思相愛♡
じょしを一層可愛く見せてくれる魔法の食べものでもあると思うんです。
だから、ソフトクリームを片手に歩く日はとびっきりのおしゃれを！
自撮りだって、バンバンしちゃお。だって、フォトジェニックなんだもん。

MENU

ミルク　¥400

あずき　¥480

マスカルポーネ　¥450

コーヒーゼリー　¥500

ハチミツと3種のナッツのミルクソフト　¥780

2層仕立てのティラミスソフト　¥780

男のブランデーショコラソフト　¥780

ミシュランショコラソフト　¥680

3種のレーズンと3種のお酒で作ったラムレーズンソフト　¥680

3種のミックスベリーソフト〜自家製ソースがけ〜　¥680

淹れたてアフォガートソフト　¥600

プレミアムWショコラソフト　¥980

日本一のソフトクリームレティエ(LAITIER)

東京都渋谷区千駄ヶ谷1-22-7 1F
tel 03-6455-5262
11:00 〜 19:30 / 火曜休(祝日の場合は営業)
www.laitier.net

スカイブルーの壁にとろとろのソフトクリームがかかった外観が目印。ソフトクリーム好きのじょしが連日押しかける、知る人ぞ知る名店。イートインスペースもあり、ドリンクメニューも充実。千駄ヶ谷の商店街グリーンモールにあります。

花柄コート ¥180,000 ／ RYANLO(Lamp harajuku)

SENTO

銭湯

銭湯で芯まで温まったあとのあいすって、なんでか格別。
冬だって、帰り道はあいすを片手に帰るって相場が決まってる。

女友達とわちゃわちゃ裸の付き合いをしたあとは、特に、ね。

それでね。

銭湯の近くのコンビニでわーってあいすを買ってじゃんけんポン。

で、勝った人から好きなやつを選んで一抜け。

そんなたわいない瞬間がたまらなく愛おしいから
#冬あいすだけは、絶対やめられない。

冬至
ゆず湯
湯
男
鶴の湯
毎週月曜日
竹田医院

HÄAGEN-DAZS

ハーゲンダッツ

雪がチラチラ舞う日に
ブランケットに包まりながら
おうちの中でぬくぬく。

そんな日に口にする
濃厚リッチなカップあいすって
ワンスプーンごとに
どうしてこんなに幸せな気持ちを
運んで来てくれるの？

気の置けない女友達と一緒なら、
とりとめのないおしゃべりが
スパイスになってくれるからかな。

美味しさもハッピーもひとしお♡

ハーゲンダッツ
ミニカップ
¥272
／ハーゲンダッツ
ジャパン
Strawberry ストロベリー
おいしい時期を待って収穫されたジューシーなストロベリーの果肉と果汁を23%も使用した贅沢なアイスクリーム。クリーミーなアイスとフルーティな味わいのマリアージュを心ゆくまで楽しんで。
Green tea グリーンティー
石臼で丁寧に挽いた香り高い抹茶を贅沢に使った奥深いアイスクリーム。
なめらかさの中に抹茶のほろ苦さがのぞくすっきりとした甘さに、スウィーツが苦手なじょしからもラブコールが鳴り止まない♡
Vanilla バニラ
1961年ニューヨークで誕生して以来のロングセラー。こだわりのミルクとマダガスカル産のバニラビーンズを使用して、コクのあるクリーミーな味わいを追求。甘くリッチな香りで心まで幸せに。

あいすくりーむとじょしは永遠に

アイスマン福留

1973年、東京都足立区生まれ、足立区育ち。幼い頃からアイスをこよなく愛する生粋の甘党。コンビニアイスへの造詣が深く自らが発起した日本アイスマニア協会の代表理事を務める。アイス評論家として幅広く活躍。著書『日本懐かしアイス大全』(辰巳出版)も大ヒット。
Twitter @iceman_ax

あいすくりーむを知り尽くしたアイスマン福留さんを直撃。あいすくりーむとじょしの歴史やあいす業界の今後のことを徒然なるままにお聞きしました。

©Everett Collection/アフロ

――「あいすくりーむとじょし」という響きを耳にして、アイスマンさんはどんなイメージを頭に浮かべますか?

「ファッションアイコンという言葉がまず最初に浮かんできますね。ドットのワンピースやミニスカートに合わせて、ショルダーバッグを肩にかけて、もう片方の手で"ワンハンド"であいすを持って、友達や彼と街を闊歩する。そんなキュートなじょしを、街中でも映画やドラマでも、きっと一度は見かけたことがあると思います」(アイスマン福留さん、以下同)。

――歩きながら食べるのは、じょしとして少々はしたない気もしますが……(笑)。

「そう! だから、かの映画『ローマの休日』でヒロインがジェラートを食べている姿は"自由の象徴"ととらえられたんです」

――これが対"だんし"となると、全く違うんですね(笑)?

©Everett Collection/アフロ

アイスマントリビア!

人気あいすメーカーの特長、一言メモ

メーカーの特長を知れば、あいすがもっとずっと味わい深くなるはず……♡

赤城乳業

代表作 ガリガリ君、BLACK
特長 企業理念「あそびましょ」にのっとって考案された、ユニークなあいすがいっぱい。「ガリガリ君」の"攻め"のフレーバーは常に注目を集めている。

井村屋

代表作 あずきバー、kiriシリーズ　特長 とりわけつぶあんの技術に関しては、あいす業界で右に出るものナシ。「あずきバー」に均等に100粒以上のあずきをちりばめるのは実は芸術的な業。

江崎グリコ

代表作 パピコ、ジャイアントコーン
特長 2人で分けて食べられる「パピコ」をはじめ、お菓子会社ならではのアイデアを詰め込んだレシピなら、おまかせ。お菓子とのドッキングも得意。

オハヨー乳業

代表作 ジャージー牛乳バー
特長 こだわりのジャージー牛乳を原料にしたミルクあいすやソフトクリームに定評あり。マルチパックにも強く「生チョコアイスバー」も人気。

協同乳業

代表作 ホームランバー
特長 あいすのブランド名はメイトー。乳製品を原料にしたあいすくりーむが人気。あたり付き棒を仕込んだ「ホームランバー」は今や不動のベストセラー。

ハーゲンダッツ ジャパン

代表作 ミニカップ、クリスピーサンド
特長 "完璧を目指す"を企業理念にプレ アムあいすを感動のコスパで提供。198 年に「ミニカップ」が登場した時はお茶 間に激震が走った。冬の売り上げNo.1。

©Everett Collection/アフロ

「もう、全然。スーパーカップやガリガリ君を『安くて美味くて最高じゃん！』とか言って飽きずに繰り返し食べてますから。だんしはいつだってピュアで一途なんです（笑）。それに比べて、じょしは未来永劫、移り気。トレンドに敏感でSNSが発達した昨今は特に、いつも新作をチェックしていて、新しいフレイバーもどんどん試しますよね。そして味と同じくらいヴィジュアルをめちゃくちゃ重視する傾向がある気がします」

── この本のコンセプトのように、フォトジェニックであるかどうかも考察するのが、じょしのあいすに対する生きざまなんですね。

「はい。だから、お出かけシーンとの結びつきもすごく強い。旅先で可愛いあいすを買ったら味わう前にとりあえず自撮りしますよね、じょしという生き物は。でも、結局のところ、楽しければ、それでいいんでしょうけど（笑）」

── 最近では、あいすは夏の食べ物という概念もなくなってきましたね。

「むしろ、冬のあいす消費量はこのところ右肩上がりとなっています。春は桜やイチゴ、夏はシャーベット、秋は栗、芋、かぼちゃ、冬は濃厚なチョコレート……というふうに四季折々の楽しみ方が定着してきているので、365日、あいすの食べごろと言えます」

── 限定フレーバーもかなり増えましたね。

「これから益々増えていくと思いますよ。あいすメーカーコンビニのコラボやあいすとお菓子のコラボもさらにヒートアップしていくと思うので、要チェックです！　あいす関連のSNSも盛り上がりを見せるだろうな～」

林一二

代表作 チョコバリ、白くま
特長 ブランド名はセンタン。白くまの商標を持っているのは何を隠そう大阪市にあるこの会社。軽快な食感にこだわったユーモア溢れる商品が多い。

松崎冷菓

代表作 アイスクリン
特長 自然素材だけを原料に、パーフェクトなおいしさを追求。着色料、香料、安定剤フリーにこだわっているから一家揃って安心して食べられる。

明治

代表作 エッセルスーパーカップ、ゴールドライン　**特長**「チョコレートは明治」とはよく言ったもので、チョコレート系のあいすを作らせたらおいしさもコクの深さもピカイチ。企業理念は「明日をもっとおいしく」

森永乳業

代表作 ピノ、パルム、ビエネッタ
特長 乳製品を原料にしたあいすと、ひと口で手軽に食べられる粒アイスが人気を博している。味はもちろん、なめらかな口どけにも並々ならぬこだわりが。

フタバ食品

代表作 サクレ
特長 氷の技術が高く、あのコンビニのフラッペアイスを支えているのも実はここ！　どこか懐かしい雰囲気で、コスパを含めて、"コドモの味方"的企業。

丸永製菓

代表作 あいすまんじゅう
特長 スローガンは「おいしさと楽しさを創る」。和風と餅系のあいすが数多くのファンを獲得している。ファンシーなキャラクターあいすもズラリ。

森永製菓

代表作 チョコモナカジャンボ、サンデーカップ　**特長** 板チョコ入りなど、お菓子メーカーならではの発想で開発されたレシピが人気。ハイチュウをはじめ、自社の製菓をあいすにアレンジしたものも。

ロッテアイス

代表作 雪見だいふく、モナ王、クーリッシュ　**特長** あいすくりーむを餅で包む発想が発売当時はセンセーショナルだった「雪見だいふく」をはじめ、アイデアがスゴイ。さすが「お口の恋人」グループ♡

表参道・広尾・恵比寿・渋谷
・西麻布・代官山・祐天寺

あいすくりーむ SHOPクルーズ

ice shop cruise

今日はどこ行く、
何食べる？
あいすくりーむと
じょし委員会偏愛♡

すべてのあいすくりーむ
ラバーズに捧ぐ、都心の
おいしくって可愛いあいすくりーむ
ショップアドレスをお届け！

BEN&JERRY'S 表参道ヒルズ店

東京都渋谷区神宮前4-12-10 表参道ヒルズ同潤館1F
tel 03-5772-1724
11:00〜21:00（日曜〜20:00） / 不定休
www.benjerry.jp

アメリカ・バーモント州生まれで世界中で愛されているあいすくりーむショップ。チョコレートチャンクやキャラメルソースのスワールなどフレーバーのラインナップは"攻めてる"のに合成着色料など不使用で原料にもこだわっているというからオドロキ。スプレーチョコ付きのワッフルコーンも乙女心をくすぐる。カラダにも地球にも優しいスーパープレミアムあいすくりーむ。

BROWN SUGAR 1ST.
TOKYO ORGANIC

東京都渋谷区神宮前3-28-8 1F
tel 0120-911-909
11:00〜19:00 / 年末年始休
www.bs1stonline.com

キュートでワクワクするけど、ちゃーんとオーガニック！ 人工香料・人工甘味料・着色料・動物性食品不使用なのに満足感たっぷりのあいすくりーむに出会える。このショップのコンセプトは"TOKYO×JUNK×ORGANIC"。初めて訪れたら、まずは濃厚な味わいのココナッツアイスクリームにトライするべし。天然フレーバーだけで作ったソーダドリンクにアイスをトッピングしたクリームソーダもフォトジェニックで、おいしー。
※2017年4月中旬まで改装工事中

PARIYA AOYAMA

東京都港区北青山3-12-14
tel 03-3409-8468
11:30～23:00(月～土)、
11:30～22:00(日・祝) / 不定休
www.pariya.jp

ピスタチオ、マンゴー、アボカド、ピーチ…… etc.☆ そのシーズンのヒロインのフルーツや素材で作ったジェラートたちがカラフルにひしめくショーケースにまず胸キュン♡ 盛り付けはカップとコーンから選べます。シングル¥400、ダブル¥460とコスパも◎。

ななや 青山店

東京都渋谷区渋谷2-7-12 1F
tel 03-6427-9008
11:00～19:00 / 火曜休(祝日の場合は営業
www.nanaya-matcha.com

本店のある・静岡で話題沸騰の、世界で一番濃厚な超プレミアム抹茶ジェラートが表参道でも味わえるっ。農林水産大臣賞を受賞した茶園の藤枝抹茶をリッチに使用したコクのある味わいは、一度口にするとまたすぐにリピートしたくなって、うずうず。抹茶の濃さは好みに合わせて選べる7段階。No.1から数字が増えるにつれ抹茶の濃厚度がアップ。遊び心溢れるお持ち帰り用カップにも注目しちゃお。抹茶プレミアムNo.7¥560。

KIPPY'S COCO-CREAM

東京都渋谷区千駄ヶ谷2-6-3 千駄ヶ谷RFビル
tel 03-6758-0620
11:00〜19:30 / 不定休
www.kippyscococream.com

オーガニックのココナッツをベースに熱処理していない生はちみつでナチュラルな甘さをプラスした100%オーガニックのフレッシュなあいすくりーむを提供。乳製品、大豆、グルテンフリーの"ローフード"として、発祥の地・カリフォルニアのベニスの店舗にはハリウッドセレブも足繁く通っているのだとか！　チョコレートやナッツなど、トッピングでアレンジできるところも人気のヒ・ミ・ツ。

shiya's coffee and icecream

東京都渋谷区神宮前5-13-12
10:00〜18:00 / 不定休
instagram.com/shiyascoffeeandicecream/

日本初となる無農薬・低温保持殺菌牛乳である"有機JAS認定有機牛乳"が原料の絶品アイスクリームが食べられるコーヒースタンド。ストロベリー、紫いもなど乙女心がくすぐられるフレーバーが充実。自慢のコーヒーにあいすを浮かべたコーヒーフロートもイチオシ。あいすのテイストはどれもいい意味であっさりしているから、スウィーツが苦手な人でもペロリと平らげられるはず。フォトジェニックな外観はSNSにうってつけだよん★

ACQUAPAZZA

GELATERIA ACQUAPAZZA

東京都渋谷区広尾5-17-10
EASTWEST1F
tel 03-5447-5503
11:30〜22:00 / 月曜休
www.acquapazza.co.jp

本格イタリアンレストランが手がけるジェラテリア。ジェラートの本場・イタリアのCREMA MOREとのコラボによる上質な味わいが魅力。シェフである日高良実さんがフレッシュな生クリームと牛乳、旬のフルーツをふんだんに使用してこだわりの仕上がりを追求したアイスクリームはなんと100種類以上(!)。その中から日替わりで12種類のフレーバーが店頭に顔を揃えます。天然素材でできていて、その味わいの深さからは想像できないほど低脂肪。1種盛り¥500、2種盛り¥550。

MELTING IN THE MOUTH

東京都渋谷区広尾5-17-10 MKビル1F
tel 03-6459-3838
11:00〜20:00（平日）、10:30〜20:30（土・日）
無休
www.meltinginthemouth.com

オーガニック牛乳をベースに厳選した牛乳を独自ブレンドのソフトクリームが待ち構えているお店がこちら♡　シリアル入りのフローズンヨーグルトやチョコサンデー、ティラミスなど心惹かれるメニューがたくさんあるけれど、最初に訪れたらまず食べて欲しいのがフレッシュで濃厚なミルク味のソフトクリーム"ザ・オリジナル"（¥480）。イートインスペースはWi-Fi完備♪

HIROO arobö ※イグル氷菓取り扱い店

東京都区渋谷区広尾5-17-3 グラスタワー 1F
tel 03-5422-8923
11:00〜20:00 / 無休
www.aroboshop.com
www.iglu-ice.jp

ショップに製造工場が併設されているから出来立ての美味しさが味わえる♡　鎌倉で大人気のお持ち帰りあいすキャンディー＆ジェラートショップ"イグル氷菓"のあいすキャンディーが購入できる雑貨屋さんを広尾の商店街で発見。定番の5種類（マンゴー、キウイ、いちごミルク、北海道ミルク、あずき）が揃っています。お店の裏手にある公園のベンチに座って舌鼓を打つのもいいかも。

恵比寿
EBISU

たいやき ひいらぎ

たいやき ひいらぎ

東京都渋谷区恵比寿1-4-1 恵比寿アーバンハウス1F
tel 03-3473-7050
11:00〜20:00 / 月曜休
www.taiyakihiiragi.com

濃厚なソフトクリームの上に自家製あんこが尻尾までたっぷり詰まったたい焼きを載せた"たいやきアイス"は恵比寿の夏の風物詩。ソフトクリームが思いの外さっぱりしているから、甘さもちょうどいい。冷たいあいすとアッツアツのたい焼きの温冷のギャップも案外クセになるんだよね〜。夏季限定。1個¥450。

Rue Favart

東京都渋谷区恵比寿3-28-12
tel 03-5421-0688
11:30～23:30(月～木)
11:30～26:00(金・土)
11:30～22:00(日) / 不定休
www.ruefavart.com

恵比寿ガーデンプレイスのほど近くにある洒落た一軒家のカフェは、店頭に構えるオブジェが物語る通り、知る人ぞ知るソフトクリームの名店。スタンダードなミルク味をベースに、サングリアジャム、チョコ、ナッツ&レーズン、ダークチェリーなどトッピングのバリエーションがズラリ。素敵なムードの中、甘いカフェタイムを過ごしてみては？

GELATERIA MARGHERA

GELATERIA MARGHERA
GELATERIA MARGHERA
GELATERIA MARGHERA
GELATERIA MARGHERA
GELATERIA MARGHERA
GELATERIA MARGHERA

GODIVA アトレ恵比寿店

東京都渋谷区恵比寿南1-5-5 アトレ恵比寿 3F
tel 03-5475-8320
www.godiva.co.jp
10:00〜21:30 / 休みはアトレ恵比寿に準ずる

老舗・ゴディバが誇る上質なチョコレートの味わいを閉じ込めたカップあいすは、クラシック ミルクチョコレート、クレームブリュレ、ダークチョコレート 洋梨など全10種類、各¥400〜。ミルク チョコレートチップとストロベリー チョコレートチップのチップが♡型っていうのがニクい！ 季節限定フレーバーも登場するので要チェック。

GELATERIA MARGHERA
アトレ恵比寿店

東京都渋谷区恵比寿南1-5-5 アトレ恵比寿 3F
tel 03-5475-8409
10:00〜21:30 / 休みはアトレ恵比寿に準ずる
www.gelateriamarghera.jp

ジェラートの本場イタリアでミラノっ子が毎日行列を作る名店が恵比寿にも上陸。定番からシーズナブルまで揃う豊富なフレーバーの中でもぶっちぎりで人気なのが、素材の風味をそのまま閉じ込めた"ピスタチオ"。ジェラートはピッコロサイズ×1フレーバー ¥550〜。サックサクのビスケットにジェラートを挟んだビスコッティやフルーツソースを贅沢に使ったジェラートパフェ"ドポチェーナ"はお持たせにしてもGOOD。麻布十番には路面店も。

JAPANESE ICE OUCA

東京都渋谷区恵比寿1-6-6 土田ビル
tel 03-5449-0037
11:00〜23:30(3〜10月)、
12:00〜23:00(11〜2月) / 不定休
www.ice-ouca.com

櫻小豆、りんご、焼き芋、かぼちゃ……などなど、"食べごろ"をテーマに、日本各地から選りすぐった旬の食材を使って手作りしたあいすくりーむが味わえる和風あいすやさん。日本特有の"旬"の素晴らしさを噛み締めちゃったりして。小盛(好きなフレーバー 3味まで)¥380〜。ちょこっとつけてくれる塩昆布でお口直しをする時間も至福。温かいほうじ茶がサービスでいただける。

OMOTESANDO - - - HIROO - - - EBISU - - - SHIBUYA - - - NISHIAZABU - - - DAIKANYAMA - - - YUTENJI

BLUE SEAL 恵比寿ガーデンプレイス店

東京都渋谷区恵比寿4-20-5
恵比寿ガーデンプレイスエントランスパビリオン棟
tel 03-5422-6634
11:00〜22:00 / 不定休
www.blueseal.co.jp

高温多湿な沖縄の気候・風土にマッチするさわやか、かつ、まろやかな味わいで人気の名店が満を持して恵比寿ガーデンプレイスにデビュー。どのフレーバーも気になるけど、沖縄県の北谷の塩を使った塩ちんすこう味はとりあえずおさえておきたいところ。ほのかにのぞく塩っ気とサクサクの食感がやみつき。

popbar

popbar

東京都渋谷区渋谷2-9-11 インテリックス青山通ビル1F
tel 03-6712-5026
www.pop-bar.jp
11:00〜19:00 / 不定休

ジェラート、ソルベ、ヨーグルトの3種類をベースにしたフレーバーの手作りのナチュラル・スティックジェラートにワッフルコーンやアーモンドなど7種類のアクセントをポッピング。さらに、5種類のチョコレートソースから好きな味を選んでディッピングしたら、そのときいっちばん食べたい"ポップバー"が楽しめちゃう。ニューヨーカーも夢中のカスタマイズを体感して。その組み合わせはなんと300種類以上なんだとか。今日は何味に"着せ替え"る……？　ポップソルベ¥451〜

niko and ... COFFEE

東京都渋谷区神宮前6-12-20 niko and...TOKYO1F
tel 03-5778-3304
www.nikoand.jp
11:00〜22:00 / 不定休

コーヒーを片手にショッピングが楽しめるniko and ... TOKYOの店舗併設カフェ「niko and ... COFFEE」のプレミアムソフトクリームが絶品！北海道浜中町の4.0牛乳を使用したコクのあるなめらかな味わいで心を満たしてくれる。¥500(税込)。こだわりのエスプレッソと一緒にオーダーして、アフォガードにしてもおいしい。

Shiroichi Shibuya

Shiroichi Shibuya

東京都渋谷区神南1-7-7 ANDOSⅡビル1F
tel 03-6416-5574
11:00〜20:00 / 不定休
www.shiroichi.com

乳脂肪分の高い良質な特選生乳の中でも成分無調整牛乳のみを原料に作ったシンプルイズベストな味わいの"生アイス"(¥390) はアイスクリームフリークをも唸らせるシロモノ。この味を体感したら、これまで抱いていたソフトクリームへの概念が覆っちゃうかも！ 高くそびえ立つヴィジュアルも心をウキウキ。表面がギギュッギュッと固まって中が柔らか〜くなる巻き上がりは10秒後が食べ頃と心得てお店へGO。

GOOD MEALS SHOP 渋谷本店

東京都渋谷区東1-25-5
tel 03-6805-1892
12:00〜24:00〈EAT IN / TO GO〉
日曜休
www.flyingcircus.jp

"なるべくカラダに良いものを、できるだけ手作りで"をコンセプトにオープンしたカフェレストランの人気メニューは、何を隠そう手作りのあいすキャンディ。NYチーズケーキやティラミスなど濃厚なケーキ風味からピニャコラーダ、ブルーベリーヨーグルトなどさっぱりとした味わいのものまでバリエーションも豊富。1本¥380〜。

Little Nap COFFEE STAND

東京都渋谷区代々木5-65-4
tel 03-3466-0074
www.littlenap.jp/#1
9:00〜19:00 / 月曜休

代々木公園から歩いてすぐのところにひっそりと佇むコーヒースタンドで、コーヒーと好相性なフレーバーのアイスクリームを売っているのを発見。気になる顔ぶれはラズベリー、ピスタチオ、ローストバターキャラメルなど全6種類。¥400〜。

Hobson's 西麻布店

東京都港区西麻布4-1-1
tel 03-3406-0962
www.hobsons-icecream.com
12:00～22:00(深夜営業は月単位で曜日ごとに変動) / 無休

アメリカ·西海岸のサンタバーバラ生まれのあいすくりーむショップは、もはや西麻布の交差点の代名詞。断トツで人気なのは、好きなフレーバーとフルーツやクッキーなどをトッピングして、特殊なマシンでミックスする"ブレンドあいすくりーむ"。濃厚でジューシーなN.Yチーズケーキ+イチゴ(¥480、税込み)、バニラ+バナナ+ホイップクリーム(¥530、税込み)など、いくつもできる組み合わせの中からどんなフレーバーを作ろうか悩む時間もお楽しみのひとつ♡

PALETAS

PALETAS 代官山店

東京都渋谷区代官山町20-23 TENOHA&NEXT 1F
tel 03-6416-3588
www.paletas.jp
11:00～20:00 / 不定休

果汁やミルク、ヨーグルトの中にフレッシュでいっちばん食べ頃の旬のフルーツを閉じ込めたフローズンフルーツバーに出会えるお店。原料はどれもなるべく国産フルーツを使うというこだわりよう。素材そのものが旬ならではの濃厚な味わいだから、甘みを足す必要もなく自ずとヘルシーに。やんばるパイン(¥560)、イチゴミルク(¥500)など王道のフレーバーの他、レッド サングリア(¥480)など大人にうれしい味わいもラインナップ。でもって超かわいい♡

GELATERIA ACQUOLINA

東京都目黒区五本木1-11-10
tel 03-5708-5787
〈平日〉14:00 ～ 23:00
〈土日祝〉13:00～23:00 / 火曜、その他不定休
acquolina.jp

本場イタリアで製法を学んだ茂垣シェフが手がけるイタリアンジェラートのお店。旬のフルーツを主役にした限定フレーバーは日替わりで次々と登場するから、こまめに足を運びたいところ。2種盛り¥538、3種盛り¥584。コーンは+¥40。23:00までオープンしていて、残業帰りやお酒を飲んだ後にふらっと立ち寄れるのも人気の秘密。

祐天寺
YUTENJI

GELATERIA ACQUOLINA

いつだって相思相愛♡パクつきたい衝動NONSTOP!

あいすくりーむとリップのおいしいカンケイ

じょしの唇を甘くとろけるあいすくりーむとおんなじくらいおいしそうに
見せてくれるリップは、ある意味、恋の媚薬♡　あいすと自撮りするときも
フォトジェニックにしてくれるから、何色も持って、魅惑の表情を、いくつも♡

01.ファシオ

バーム ルージュ
PK831

ストロベリーソルベはお揃い色のブライトピンクと相思相愛。¥1,400
／コーセーコスメニエンス

02.エレガンス

ミシック ルージュ
リュクス 07

ラズベリーシャーベットをローズピンクの唇でマイルドに。¥3,800／エレガンス コスメティックス

03.ポール & ジョー

リップグロス G 09

印象にビターな味わいを添える透けブラウンは背伸びをしたい日に。¥2,500／ポール & ジョー ボーテ

04.メイクアップフォーエバー

アーティスト
プレキシグロス 207

イノセントなホワイトのソフトクリームにひとさじのセンシュアルを添える青みピンクのグロス。¥2,800

05.キャンメイク

ステイオン
バームルージュ 03

保湿バームみたいにうるぷるの血色リップが思いのまま！ SPF11·PA＋ ¥580／井田ラボラトリーズ

06.キャンメイク

リップティントジャム
01

クリアな発色のチェリーレッド。レイヤードしてウブなツヤ感をプラス。¥650／井田ラボラトリーズ

07.キャンメイク

ステイオン
バームルージュ 07

肌なじみのいいサニーレッドが日本人の肌色と最高にマッチ。SPF11·PA＋ ¥580／井田ラボラトリーズ

08.キャンメイク

リップティントジャム 03

ダークなプラム色は印象をミステリアスに彩る時の魔法のアイテム。¥650／井田ラボラトリーズ

09. メイクアップフォーエバー

アーティスト
プレキシグロス 209

トロピカルなマンゴーあいすとジャストマッチなテンションのホットピンク。ジューシーな発色。¥2,800

10. ヴィセ リシェ

リップ＆チーク
クリーム RD-6

ミルキーな青みピンクのいちごあいすとリンクするベリーレッド。¥1,000（編集部調べ）／コーセー

11. THREE

リファインド
コントロール リップペンシル 05

ソーダシャーベットとのコーディネートがファンシー！　ウブなピンクのリップベース＆ライナー。¥2,500

12. シュウ ウエムラ

ルージュ アンリミテッド
シアーシャイン S RD 150

唇の上でとろけてリッチに発色するサニーオレンジ。淡い色のあいすにポップなリズムをつけて♪　¥3,200

13. M・A・C

レトロ マット リキッド
リップカラー ファッション レガシー

マットな質感のレッドはどんな唇もレディ、かつ、スタイリッシュに彩ってくれそうな予感♡　¥3,600

14.THREE

ベルベットラスト
リップスティック 01

ワンストロークでピュアに発色する鮮やかなレッド。オレンジとのコンビがミラクルホット！ ¥3,500

15.エレガンス

オー レジェール
グロス 01

唇とネイルをレッドでリンクさせるのもフォトジェニックのコツ。¥3,500／エレガンス コスメティックス

16.ヴィセ リシェ

リップ＆チーク
クリーム RD-1

ダウンライトの下でも血色を感じさせてくれる上気したようなレッド。¥1,000（編集部調べ）／コーセー

17.ジバンシイ

ジェリー・
アンテルディ 1

クリアレッドのグラマラスな唇に。¥3,500／パルファム ジバンシイ〔LVMHフレグランスブランズ〕

18.スウィーツ スウィーツ

カラージュレリップ
05

目にする人をドキッ。アップルジュレみたいなレッドはスウィーツとの相性ドンピシャ。¥900／シャンティ

19.ポール ＆ ジョー

リップスティック
108

ビビッドな青みピンクで柑橘系フレーバーに華を添えて。¥3,000（セット価格）／ポール ＆ ジョー ボーテ

Instagramで見つけた
#あいすくりーむとじょし

@ sugitaniyoko
東毛酪農63℃
牧場ミルクソフトクリーム

@ uxus2
東京モード学園内のコンビニアイス pino チョコモナカジャンボ クランキーチョコアイス いちご練乳氷

@ _r1c0p1n
東京モード学園　コンビニアイス クランキーチョコアイス チョコモナカジャンボ ピノ チョコレートアイスバー

@ hikauuuu
アーモンドチョコバー
キウイのアイスバー

@ harukasss
セブンイレブンでGET
チョコアイスバー、ピノ

@ sonoka122
SHUGAR MARKET渋谷の
バニラアイスに抹茶と栗のお酒かけ

@ ooo.sss.03
Eiswelt Gelatoの
ブタちゃんアイス

@ junna
ポッピングシャワーと
キャラメルリボン(31♡)

@ tmtmko
セブン-イレブンで
買ったガリガリ君各種

@ le.nanami
北極のココアの
アイスキャンデー

@ china_mioo
銀座ライオンの
バニラアイス

@ baby_hiromi
新宿で出合った
クレミア

@ tomotomo__618
スーパーカップの
バニラ味

@ ayuyunayumi
Deck Cafe@Shirasakiの
和歌山みかんソフト

@ j94.ww
REMICONEのTHUNDER BOMB
(썬더 밤)

@ nqplsan
アメリカ、カリフォルニア州のユニバーサルスタジオ内にあるシナボン(店名)のソフトクリームです

@ 39mrnk
表参道の世界一濃厚なごまアイス
GOMAYA KUKI

@ a_y_m_y_m
アルルの昔ながらの
クリームソーダ

@ china_mioo
新宿中央公園の
ソフトクリーム

@ takacola
ディズニーランドの
ミニーのアイスバー

@ asupoooooki___59
ブルーシールのサンフランシスコミントチョコとブルーウェーブ

@ yuriwochi
マザー牧場のぱふぇそふとストロベリーファッション

@ ktnrs1120
新潟県・寺泊港の
ソフトクリーム

@ akanedesu
セブン-イレブンの
マンゴーアイスバー

@ muumiyah
カボチャ村の mokumoku
ソフトクリーム

@ csc._.scs
キッザニア東京の
ソフトクリーム♡

@ uxus2
豆とろう 新宿店の
わらび餅あんみつソフト

@ nanakopink
ウッディー京北の
くろもじ茶ソフトクリーム

@ unofumi
下北沢「SWEET TWIST」の
ミルクアイス

@ k_saki_
海の中道海浜公園の
九州産あまおうソフト

@ rinanapple
T.Y. HARBERの
ティラミスアイス

@ marice_la600
服部緑地公園の
チョコバニラソフト

イガリシノブ Presents

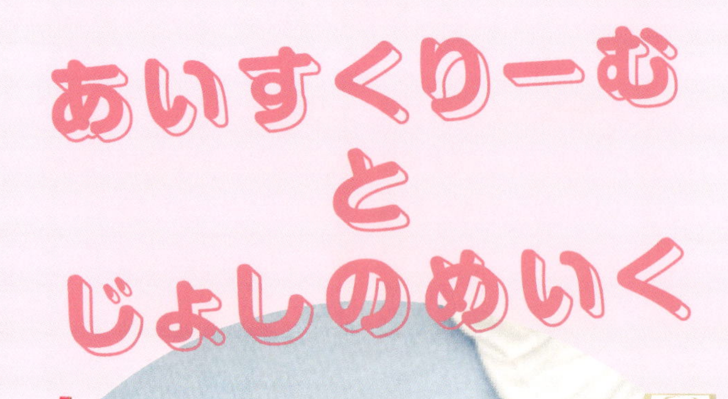

I'll Live With Ice Cream!
1

I Wanna Eat Ice Cream With Color Spray
2

Fallin' Love with Melon Soda
3

I Love Dippin' Dots Ice Cream
4

Do You Love Ice Cream Cake?
5

メイクアップアーティスト・イガリシノブが、あいすくりーむをテーマに
イマジネーションの世界へトリップ。ほっぺが落ちそうなだけじゃなく
こんなに可愛いんだもん♪　味方につけなきゃ、じょしとしてもったいなーい。

初恋の甘酸っぱさを思い出すレモンシャーベットは、いつだって
じょしに心をときめかせることの大切さを教えてくれる。
これだから、あいすくりーむを食べるのがやめられないんだよね。

I Wanna Eat Ice Cream

目で見ても口にしてもスウィートなのが、あいすくりーむの
いいところ♡　じょしって、どこまでも欲張りな生き物。
あいすは未来永劫、そんな欲求を満たしてくれるのデス。

シンプルに口に運ぶのもいいけど、カラースプレーでポップに
おめかししたあいすを食べるのって超テンション上がるっ！
それならいっそ、まぶたもカラフルにしておソロのテンションに♪

How to Make Up

2をアイホールと下まぶた全体になじませて、カラーブロックをつけまつ毛用ののりでランダムにのせていく。1を唇に直接つけてラフに往復させたら出来上がり。マスカラとチークは抜いておこ。

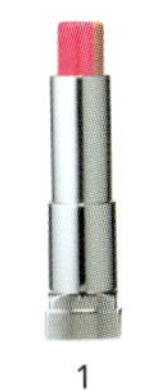

1

2

1ストロベリーピンク。メイベリン リップ フラッシュ ビッテンリップ PK01¥1,400／メイベリン ニューヨーク 2ローズピンクのポンポンチーク。ラブリー クッキー ブラッシャー 7 ¥630／エチュードハウス

Fallin' Love with Melon Soda #3

メロンソーダの海に浮かんで、
あいすくりーむの山を登ってみたい……。
じょしなら一度は夢見たことのある
妄想をメイクで叶えたら、ほら、こんなに
クールで透明感いっぱいのまなざしに。

How to Make Up

4の上を二重の幅になじませ、お日様みたいな3のアイライナーを下まぶたのキワ全体に。2を頬の笑うと高くなるところにポンポン。1をラフに唇全体に直塗り。

1シアーなピンク。メイベリン リップクリーム カラー 02 ¥500／メイベリン ニューヨーク　2ストロベリーピンクのチーク。ラブリー クッキー ブラッシャー 2 ¥630／エチュードハウス　3ジューシーなオレンジ。メイベリン カラー ショー ライナー OR-2 ¥1,000／メイベリン ニューヨーク　4眼が覚めるようなマリンブルー。エクセル デュアルアイシャドウ N DU04 ¥1,200／常盤薬品工業

I Love Dippin' Dots
Ice Cream
4
氷点下40℃の世界でカラフルに踊る
ディッピンドッツの粒みたいな
キラめきで、「じゃーん♪」。まぶたを
デコレート。フューシャピンクのリップを
合わせて、レディにはじけちゃおう♡

How to Make Up

1を上まぶたのアイホールと下まぶたのキワ全体に。グリッターとスパンコールをまぶたや眉間、鼻筋にちりばめる。唇は、2のフューシャピンクを全体に塗るだけ。

1グリッターゴールド。リンメル プリズム パウダーアイカラー 003 ¥800 2そのままでもブレンドしてもOK！ マルチに使えるカラーパレット。メイクアップフォーエバー 12フラッシュカラーケース ¥13,500

1

2

Do You Love Ice Cream Cake? #5

あいすくりーむが大好きな私に、いつかパパとママが用意してくれた
あいす仕立てのホールケーキ。歳の数だけ立ててくれたロウソクを
ふーってした時のとびきりハッピーな気持ちをメイクにアレンジ！

How to Make Up

2を下まぶたのキワに引く。眉も2で描き足して、1を唇に直塗り。顔全体をピンクのニュアンスで統一。クラフトで作ったキャンドルを上まぶたにバランス良く接着。

1カラーも香りもラズベリーさながら♡ メイベリン リップクリーム キャンディ ワオ 01 ¥800、2ストロベリーシェイク色。同 カラー ショー ライナー PK-1 ¥1,000／メイベリン ニューヨーク

全国の"おいしい"この指と〜まれっ!

お取り寄せあいす、集合♡

全国から選りすぐりのお取り寄せあいすをピックアップ♪
高級パティスリーや老舗の名品、変わりダネまで……
ふだんはなかなか食べられない、至福のあいすをめしあがれ♡

Yummy

まるでバター!な
リッチな味わい

delicious

ÉCHIRÉ MAISON DU BEURRE

エシレ グラス

www.echire-shop.jp

香り高く芳醇な味わいの「エシレ バター」を使用。究極のバターあいすくりーむ。プールほか全3種。ギフト パッケージ 8個入り¥6,000(送料込み)

icecream to joshi

YOKU MOKU

シガールアイスクリーム

www.yokumoku.jp/yokumoku/

「シガール」のサクサク感はそのままに、濃厚でコクのあるアイスクリームをIN！ バニラ、チョコレート各10本入り¥5,000（送料込み）

大好きシガールがあいすになった♡

ニューヨーク堂

長崎カステラアイス

www.nyu-yo-ku-do.jp/

ていねいに手焼きした長崎カステラにあいすをサンド。両者が奏でるハーモニーがやみつきに！ ギフトセット¥4,000～

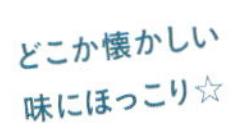

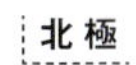

北極

アイスキャンデー

www.hokkyoku.jp/

昭和20年創業当初から人気のミルク、あずき、パインをはじめ、全10種。職人による手づくり。1本¥130～

551 蓬萊

アイスキャンデー

shop-551horai.co.jp/shop/c/c/

豚まんの有名店の、もうひとつのロングセラー。フルーツ味は果肉がごろごろ♡　ほか全6種。21本入り¥2,333（送料別）

昔ながらの
正統派あいす！

果実ぎっしり♪
見た目もおしゃれ

NOAKE TOKYO

キャンディフラッペ

noake.jp/

冷凍してそのままはもちろん、炭酸水などで割ってカクテル風にも！　苺にバラ、白桃とバニラほか全5種。8本入り¥3,222

きな粉と黒蜜の
名コンビが光る☆

桔梗屋

プレミアム桔梗信玄餅アイス

www.kikyouya.co.jp/

銘菓「桔梗信玄餅」があいすに。もっちりやわらか～なお餅を増量したプレミアムバージョンがうれしい♪　8個入り¥2,560

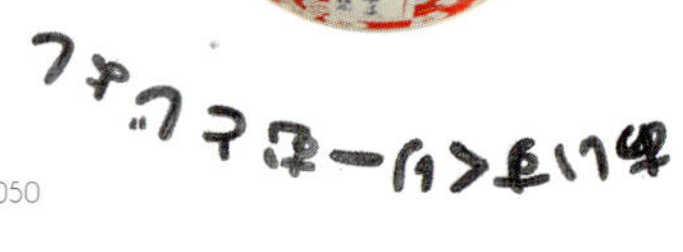

寿恵広

アイス饅頭（ミルクアイス）

www.suehiro-hiros.com/

こだわりのあずきをミルクで囲い、まんじゅう形に。上品でやさしい甘さ。抹茶、黒糖ほか全4種。1個¥143〜

山村乳業

ソフトアイス

www.yamamuramilk.co.jp

大人気のソフトクリームをそのまま凍らせた、なめらかな口当たり。牛乳100%ベースで後味はさっぱり☆　6個入り¥1,389

POIRE／ポアール

シトロン（レモン）ソルベ

e-shop.poire.co.jp/

レモンのさわやかな香り、甘酸っぱさ、ほのかな苦みのバランスがめちゃ絶妙！ りんご、メロンなど。ソルベ5個入り¥3,070

お口のなかで
トロ〜リとける♪

小松屋本店

アイスドリアン

wowma.jp/user/5849845

ドリアンの食感をイメージした、一度食べたら忘れられないトロッとした歯ざわり。ミルク、あずきの2種。10本セット¥1,574〜

なめらかな舌ざわり、
至極の口どけ♡

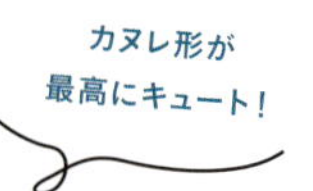
カヌレ形が
最高にキュート！

PATISSERIE TOOTH TOOTH

TOO POP ICE

www.patisserie-toothtooth-shop.com

名物カヌレの形をあいすで再現。小南みかん、UJI MACHA、トロピックマーブル、あら川の桃、あまおうブリュレの5つのフレーバーをご用意。5フレーバー ×各4点、20個入り¥4,444（送料込み）／パティスリートゥーストゥースアトリエ

DEBAILLEUL

グラス＆ソルベ

www.debailleul.jp

ベルギーの高級パティスリーが贈る、厳選素材で作られた極上の味わい。ヴァニーユほか全4種。9個入り¥5,000／片岡物産

Cute

イグル氷菓

アイスキャンディー

iglu-ice.jp

きちんと選んだ素材、無香料&無着色で体にもうれしい素朴なおいしさ。マンゴーほか。12本セット¥3,070(税込、送料別)

目にも楽しい
レトロなデザイン☆

絵本に出てきそうな
ラブリーさ♡

BEN&JERRY'S

アイスクリームケーキ

www.benjerry.jp

ポップな見た目ながら、素材やフェアトレード原料にこだわったあいすくりーむケーキ。あいす&ブラウニーの層が濃厚! 5号¥4,900(税込み)

アーモンド生地が
カリッとおいしい!

エストローヤル

シュー・パリジャン

www.estroyal.co.jp

アーモンドサブレをのせて焼いたシュー皮の中に、あいすがたっぷり♡ バニーユ、抹茶ほか全6種。8個セット¥2,160

難波里奈 Presents

純喫茶とあいすくりーむとじょし

まるで昭和にタイムスリップしたみたい♡ ノスタルジックな純喫茶のメニューには乙女の心をときめかせてくれるあいすくりーむが決まって並んでる。純喫茶のプロフェッショナル難波さんに手ほどきを受けながら、胸を弾ませて、幸せの一口をプレゼントしてくれるお店の扉をノックしてみない？

あいすくりーむは〝ときめき〟のみなもと

真っ白で甘い幸せを、金色に輝くスプーンで一口一口食べるうっとりとした時間。ぽってりとした厚手のグラスの花のような形にも注目です。「お好みでどうぞ」と添えてくれるブランデーをほんの少し垂らしたあいすくりーむを口に運ぶのは大人だけに与えられた特権。芳醇な香りに思わずうっとりしてしまいます。

難波里奈

RINA NAMBA

東京喫茶店研究所2代目所長。昭和の香りが漂う純喫茶に恋して、これまで通ったお店は1700軒以上。『純喫茶へ、1000軒』（アスペクト刊）など著書も多数。ブログはhttp://retrocoffee.blog15.fc2.com。Twitterは@retrokissa

入り口には鎧をまとった騎士、床には赤い絨毯が敷き詰められ、ステンドグラスが飾られています。それだけでも古き良き純喫茶の趣を十分味わえますが、特筆すべきは「オーキット特別室」と呼ばれる空間。大理石のテーブルを照らす大きなシャンデリア、カトレアのタイル画、背もたれの上部に王冠を模したゴージャスなソファ。カップもソーサーも高級品が使用され、まさにコーヒーを味わうために作られた、贅を尽くした空間。条件によっては貸し切りも可能なので、午後の優雅なひとときのお茶会に利用するのもおすすめです。

コーヒーの大学院 ルミエール・ド・パリ

神奈川県横浜市中区相生町1-18
光南ビル1F
tel 045-641-7750
8:00〜21:30（月〜金）
10:30〜21:30（土）／日曜・祝日休

ゴージャスなオーキット特別室でいただくと、いつものクリームソーダも何だか特別な気分で味わえます。一般的な緑色のソーダ水も良いですが、今までの固定観念を覆してしまう珍しい赤色のソーダ水もおすすめです。

ときめきあいすが食べ

繊細な模様が施された銀色の器にのったバニラあいすの盛り付けはまるでバラの花のよう。あいすの中には生クリームとチョコレートソース、赤いさくらんぼが入っていて、しばし食べるのを忘れてしまう可愛らしさ！

いつも賑やかなアメ横の中でもひときわ煌びやかな雰囲気を醸し出すのがこちら。入り口にずらりと並んだメニューサンプルが店へと誘います。店内の隅々まで「キラキラ」ではなく「ギラギラ」という言葉がぴったりの、過剰なほどにまぶしい照明たち。タータンチェックのベストの制服に身を包んだウェイターとウェイトレスがメニューと一緒に昭和の空気をそのまま運んできてくれるよう。今も昔も東京への入り口としてたくさんの人たちを迎え入れている上野ならではの絶妙な距離感が居心地の良さの秘密です。

ギャラン

東京都台東区上野6-14-4
tel 03-3836-2756
8:00〜23:00 / 無休

られる純喫茶エトセトラ

3階席窓際のステンドガラスのある席に座ると「恋がうまくいく」というジンクスもあるのだとか。

メニュー名の"アイスクリーム"を見る限りはどこにでもあるようなあいすを想像してしまいますが、遊び心を感じる仕掛けがあり、ドライアイスがもくもく。誰かを連れていけば笑顔になること間違いなしです。

創業昭和21年、3階建ての洋菓子店兼喫茶室。「昔ながらの純喫茶」と聞いて多くの方がイメージする様々な要素が全てあるような空間です。メニューは全て手作りで、どれを食べても美味しい。他ではあまり見ない梅酒入りダッチコーヒーは、美食家で知られる池波正太郎氏がその美味しさに夢中になり正式メニューになったそう。手塚治虫氏も当時の常連で、鉄腕アトムの貴重なイラストが飾られています。

アンヂェラス

東京都台東区浅草1-17-6
tel 03-3841-9761
11:00～21:00(火～日)
月曜休(祝日・催し物の際は営業)
asakusa-angelus.com

正義のクリームソーダに出

緑色だけではなく、赤色・青色・黄色の4色から選ぶことができます。嬉しい気持ちの時は赤色、少しさみしい気持ちの時は青色など、その日の気分や一緒に行く人によって、どれを飲もうか迷うのも楽しいのです。

塩味のピーナッツつき♡

今や希少な赤電話

「純喫茶デビュー」がこの店だったという人は多いのではないでしょうか。「喫茶店で"さぼる"」が由来かと思いきや、スペイン語で「味・旨味」を意味する「サボウル」。人気メニューのいちご生ジュースやお隣のさぼうる2の山盛りナポリタンを求めて、昼時には長蛇の列ができるほどの人気店。入り口にはトレードマークのトーテムポールと赤い公衆電話、天気の良い日にはマスターの鈴木さんが店先で出迎えてくれます。長い年月をかけて書かれた壁いっぱいの寄せ書きを読んでいるとその頃にタイムスリップしてしまいそうです。

さぼうる

東京都千代田区神田神保町1-11
tel 03-3291-8404
9:00〜23:00（祝日は21:00まで）
日曜・祝日（不定）休

会える純喫茶、他にも♥

まるで真夏の海のようにまぶしい青色のソーダ水に、真っ白の雲みたいなあいすくりーむが浮かびます。味わっている間、心はどこか南の島へ逃避行。クリームソーダがなくなるまで束の間のバカンス気分を味わえるのです。

珈琲
ワンモア

明るいマスターとママが迎えてくれる、ホットケーキとフレンチトーストがとても人気の店。開店前から店の外に行列ができるほど。その人気の証として、開店と同時に銅板についた火は閉店まで消えることがないそう。「マル1(ホットケーキ 1つ)!」「カク 2(フレンチトースト 2つ)!」と暗号のような言葉が飛び交う様子も楽しい。店内にある焙煎機で煎るマスター自慢の珈琲や絶妙な火加減で焼かれるふわふわエッグサンドもおすすめです。

ワンモア

東京都江戸川区平井5-22-11
tel 03-3617-0160
9:30〜16:00 / 日曜・月曜休

しみじみ ほっこり おいしい

浅草あいすぶらり食べ歩き

レトロな和風あいすから本格イタリアンジェラートまで！
浅草寺にお詣りする人たちでいつも賑わう浅草の街には
バラエティ豊かなあいすくりーむショップが軒を連ねてる。
お気に入りのフレーバーを片手に浅草散策、しちゃお♪

浅草あいすくりーむショップ食べ歩きMAP

ASAKUSA CYOUCHIN MONAKA

浅草ちょうちんもなか

純国産のもち米を材料に、一枚一枚丁寧に焼き上げた
ちょうちん型のもなか皮に好きなフレーバーのアイスをはさんでもらう
“アイスもなか”はどこか懐かしい味わいが人気。

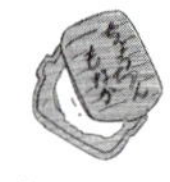

浅草ちょうちんもなか

東京都台東区浅草2-3-1 浅草寺幼稚園前
tel 03-3842-5060
www.cyouchinmonaka.com
写真は右から、あずき、抹茶、バニラ。
1個¥330(税込み)、仲見世散策のおともに♡

Bridge COFFEE&ICECREAM

東京都台東区松が谷3-1-12
tel 03-6231-6781
www.brdg.jp
バニラ、ストロベリーなどフレーバーは全6種類。
コク深いエスプレッソをかけて食べる
カフェ・コン・ジェラート¥550(税込み)もオススメ。

ブリッジ　コーヒー&アイスクリーム

Bridge COFFEE&ICECREAM

浅草寺からちょっぴり足をのばしたかっぱ橋道具街に店を構える
スタイリッシュなカフェは渋谷の人気コーヒースタンド
"Little Nap COFFEE STAND"の豆を使った本格派カフェ。

FUNAWA ASAKUSA HONTEN

舟和 浅草本店

創業以来100年以上愛され続ける芋ようかんの老舗で食べられる
“芋ようかんソフトクリーム”（¥350）は、さつまいもならではの優しい甘みと
さっぱりとしたバニラの後味がたまらないっ♡
サクサクで香ばしいコーンの歯ごたえも最高。
抹茶、バニラ、抹茶×バニラにひけをとらない大人気メニューです。

舟和 浅草本店

東京都台東区浅草1-22-10
tel 03-3842-2781
www.funawa.jp/shop

KANMIDOKORO NISHIYAMA

甘味処 西山

雷門の斜向かいにある甘味処は、あの寅さんも愛した名店。
落ち着きのある店内で食べてほしいのはサクサクのもなかの皮に自家製アイス、
白玉、杏を好きに挟んで食べられるのが楽しい“味あそび”(¥722)。
散策には“アイス最中”(¥278)のテイクアウトもオススメ。
+¥100で小豆をトッピングしてもらえるよ♪

甘味処 西山

東京都台東区雷門 2-19-10
tel 03-5830-3145
www.asakusa-nishiyama.com

ITALIA NO GELATO-YA ASAKUSA KANNON DORI TEN

伊太利亜のじぇらぁとや　浅草観音通り店

イタリアンジェラートのスピリットに和風のエッセンスをひとさじ。
天然素材にこだわっているから、合成着色料、添加物はゼロで
ナチュラルな味わい。季節のフルーツを使ったフレーバーや
コクがあってまろやかな抹茶ジェラートが人気。

SALUTE!!
SALUTE!!
CHEERS!!
CHEERS!
SALUTE!!

伊太利亜のじぇらぁとや
浅草観音通り店

東京都台東区浅草1-1-7 中山ビル1F
tel 03-3844-4845
小 ¥300～、イートイン可

SUZUKIEN ASAKUSAHONTEN

壽々喜園 浅草本店

静岡抹茶SWEETS FACTORY“ななや”とのコラボで話題の
世界一濃い抹茶ジェラートが食べられるお店。
抹茶の濃さは選べる7段階。No.1～6がシングル¥340、
農林水産大臣賞を受賞した抹茶を使用した一番濃厚なNo.7はシングル¥530。

壽々喜園 浅草本店

東京都台東区浅草3-4-3
tel 03-3871-0311
www.tocha.co.jp/kissa
いちごや黒ごまなど、抹茶以外の
フレーバーも充実しています。

ViTO浅草店

東京都台東区花川戸1-2-8 1F
tel 03-5830-7658
www.vitojapan.jp/
シングル ¥450〜

ヴィト ASAKUSATEN

ViTO 浅草店

ワンスクープ、口の中に入れた瞬間、フレーバーがふわっと香って
舌の上でしっとりとろける……なめらかな食感とフレッシュな素材にこだわった
イタリアンジェラートのお店。季節限定のフレーバーが
入れ替わり立ち替わり現れるから足繁く通って要チェック。
ヘルシーで体に優しいところもじょしのツボ♡

OIMOYASAN KOSHIN ASAKUSA ORANGE DORI TEN

おいもやさん興伸 浅草オレンジ通り店

明治9年創業の甘藷問屋がプロデュースする芋菓子店で夏季のみ販売されるソフトクリームは、
さつまいもの香りがほのかにするような風味とコクのある舌ざわりが人気の秘密。

**おいもやさん興伸
浅草オレンジ通り店**

東京都台東区浅草1-21-5
tel 03-3842-8166
www.oimoyasan.com

ASAKUSAMANGANDO ORANGE DORI HONTEN

浅草満願堂 オレンジ通り本店

さつまいも餡をベースにした焼きたての香ばしさがやみつき！“芋きん”でおなじみの老舗和菓子屋で
夏の間だけ食べられる焼きいもソフトクリームは¥310（税込み）。カリカリしたお芋のクレープのトッピングもクセになる。

**浅草満願堂
オレンジ通り本店**

東京都台東区浅草1-21-5
tel 03-5828-0548
www.mangando.jp

ココロまでトロける、あいすくりーむぐっず

あいすくりーむ好きじょしなら、食べるだけじゃなく
いつも、あいすくりーむモチーフのアイテムといっしょに過ごしたい♡
そんな願いをかなえる、食べちゃいたいほどかわいいモノ、集めました！

01 キャンドル

本物そっくりなルックスで、お部屋に飾ればほめられちゃうかも☆Cerise チェリーアイスキャンドル ¥3,300、スタンド ¥3,000／それぞれCerise

02 iPhoneケース

あいすくりーむ部分がスライドミラーに。身だしなみもささっとチェックできちゃう♪　iPhone6、6s対応。¥1,167 / RiaRia

フライング タイガー コペンハーゲンの商品は売り切り制のため在庫がない場合がございます。予め、ご了承下さい。

03

なわとび

なんと、グリップ部分があいすくりーむ！手元を見るたび、ゆる〜い表情にめちゃ癒やされそう♡¥600／フライング タイガー コペンハーゲン 表参道ストア

04

蛍光マーカー

食べかけのあいす？ と思いきや、バー部分を取りはずせば便利なマーカーに変身。ICEPOP MARKERS（参考商品）／BONTON

05
Tシャツ

ビタミンカラーのあいすくりーむ&フルーツ柄が、コーデのアクセントに。¥6,000／BILLIONAIRE BOYS CLUB TOKYO

06
フック

あいす型フックで、書類やノートにも遊びゴコロをプラス。各¥200／フライング タイガー コペンハーゲン 表参道ストア

07
ボールペン

こんなかわいいボールペンなら、退屈な勉強や仕事もはかどりそう☆ ¥150／フライング タイガー コペンハーゲン 表参道ストア

08
付箋

人気あいすブランドデザインの付箋。日々のなにげないメモも楽しく♪ 各¥300(税込み)／BEN&JERRY'S

09
セラミックカップ

コーンであいすを食べる気分を、何度でも味わえちゃうアイディアグッズ。各¥3,200／yakusoku

10

ネイル

あいすくりーむをイメージした、見るだけでときめくネイルデザイン。Instagramのアカウントは@lemy_nail参考商品／nail salon Lemy

11

マスキングテープ

アルバムのデコレーションにもぴったり！な豪華アイスクリームタワー柄。各¥150／プラザクリエイト

12

トートバッグ

キュートなあいす柄のバッグも、モノトーンならちょっと大人っぽく♡¥ 2,400／Fancy a la mode

13

キャップ

さりげない、あいすくりーむロゴやイラストが◎。右（青）¥6,500、左（赤）¥7,000／BILLIONAIRE BOYS CLUB TOKYO

14

ガーランド

お部屋のウォールデコに使えば気分アップ！　パーティの飾り付けにも。¥300／フライング タイガー コペンハーゲン 表参道ストア

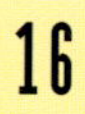

15

ワッペン

手持ちの服やバッグを、あいすくりーむワッペンでかわいくカスタマイズ☆ 右¥ 800、左¥400 ／ yakusoku

16

Tシャツ

アメリカの老舗あいす屋さんのマーク入り。バックプリントもいい感じ♪ ¥4,600 ／ yakusoku

17

スプーン

食べる時間が倍シアワセになる、あいすデザインのスプーン。各¥200 ／フライング タイガー コペンハーゲン 表参道ストア

18

貯金箱

オブジェとして飾りながら、貯金もできるスグレモノ。SOFTCREAM MONEY BANK¥1,000 ／ BIRTHDAY BAR

19

入浴剤

ふわもこ溶ける感じがやみつき。アマイワナバスアイスクリーミー 各¥400 ／グローバル プロダクト プランニング

20

キッチンタイマー

ソフトクリームをくるくる回して時間をセット。楽しいお料理のおともに。¥300／フライング タイガー コペンハーゲン 表参道ストア

21

ブローチ

刺繍&ビーズの繊細なつくりに思わずキュン♡ 右¥5,250、左¥4,500 ／ aki-k（ギャラリー・ドゥー・ディマンシュ）

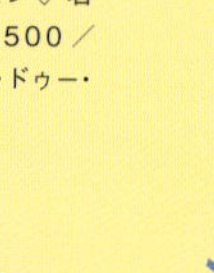

22

石けん

あいすバーと見間違えそうな、カラフルなナチュラルソープ。ギフトにもおすすめ☆　メッセージ・インナ・ソープ ソープバー 各¥600／BIRTHDAY BAR

24

リップ＆チーク

1本で2役のラブリーな血色カラーは、そのネーミングがまさに、あいす。なめらかな描き心地。上・EYESCREAM クレヨンチーク&リップ ハニーピンク、下・同 チェリーピンク 各¥1,200／msh

23

アートプリント

あいす×ドレスの乙女ゴコロをくすぐるアート。フィンランドのイラストレーター作。¥4,800／Leena Kisonen（ギャラリー・ドゥー・ディマンシュ）

25

セットアップ

あいす&ピンクで思い切りガーリーに♪ トップス¥14,000、スカート¥10,000／Fancy a la mode

Instagramで見つけた

#あいすくりーむとじょし

@ iro_chan411
実穂の郷 米粉クッキー付き
ソフトクリームバニラ

@ haachi.makaron
クレマモーレのキャラメル
アップルブルーベリーチーズケーキ

@ t_h_h_t
佐々木屋小次郎商店
ティラミスソフト

@ _hamuhana
ハーゲンダッツの
バナナキャラメルクッキー etc.

@ fes_hmrnr
セブン イレブンの
アイスたち、イロイロ

@ n0ri_take
横須賀しょうぶ園の
関口牧場ソフトクリーム

@ je_et_etoiles
東京ディズニーランドの
チョコミントあいすといちごあいす

@ shiho_kasai
はままつフラワーパークの
バラソフトクリーム

@ myatn_
チョコモナカジャンボと
クランキーアイスバー

@ kanata_kuuun
サークルKサンクスで
getした食べる牧場ミルク

@ megril
ナカノヤの
嫁入りおいりソフト 和三盆味

@ maedarena
クレマモーレの
キャラメルアップル味他♡

@ soshibano
渋谷のマクドナルド
チョコがけソフトツイスト

@ yurijp6
Groovy Ice Cream Gufo
ヘーゼルナッツアイス

@ puinpi
ANGELINA Paris
モンブラン あいすくりーむ

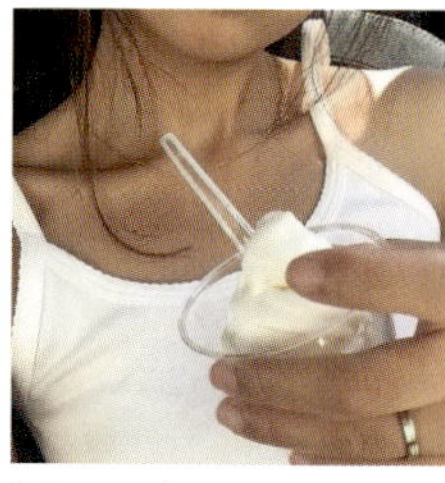

@ kyonpoko_
ゆ〜さ浅虫の
ロイヤルミルクソフト

PART 2

@ yui_o923
鳥栖のアウトレット
GODIVAのアイス

@ harukasss
BUON'AMORE
ハニー・ココナッツとか♡

@ _pepepe_pe_
高崎経済大学で
dippin' dots

@ osalu_san
コンビニで購入した
チューチューたまごあいす

@ plage__citronnade
スーパーミックスイン
コーンストロベリーチーズケーキ

@ ap_nayan57
ハーゲンダッツの
チーズベリークッキー

@ mamipple
人形町初音の
白玉あんみつ♡

@ naito_ching
ブルーシールの
アーモンドピスタチオ

@ hao_wen
チョコバニラ
ソフトクリーム

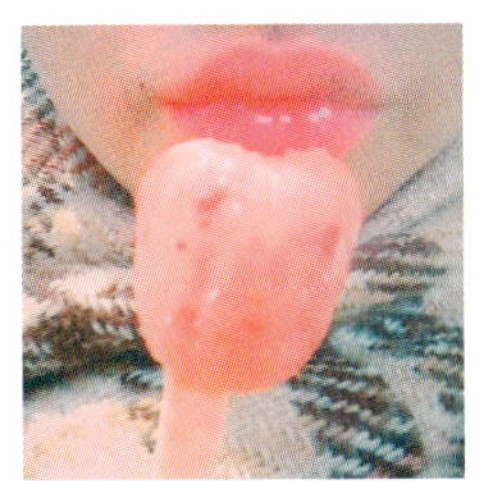

@ hal1_7
セブン イレブンの
ストロベリージェラートバー

@ 1111yuna1111
バターポップコーン
ソフトクリーム

@ __peach__egmaroon
ジェラテリア マルゲラの
好きな味を組み合わせ♡

@ arpacaco
金箔ソフトクリームを
いただくパカ♡

@ risarisa1106
河口湖スイーツガーデンの
ラムレーズンジェラート

@ainomasaki
東京サマーランドの
ディッピンドッツあいすくりーむ

@ miiinah
サーティワンの
チョコレートミントとか４種☆

おいしくてかわいいがいっぱい♡

中央線 各駅停車 あいす

レトロな街並みが乙女心をくすぐる中央線沿線の駅には、ひっそりと佇んで
その街を行き交う誰もに愛されているあいすくりーむショップがいっぱい。
電車にゴトゴト揺られて、甘い口どけに酔いしれるプチトリップに出かけましょ。

デイリーチコ

東京都中野区中野5-52-15
中野ブロードウェイB1F
tel 03-3386-4461
10:00～20:00 / 無休
twitter.com/Dailychiko

中野ブロードウェイの地下に店を構える、創業51年の老舗の名物は、重量700g、コーンを入れて高さ40cmの超巨大ソフトクリーム。バニラ、チョコ、ストロベリー、カフェオレ、バナナ、ぶどう、抹茶、ラムネの8つのフレーバーがのって￥490だなんて、神ってる。

まだまだあります! 中央線沿線の

ドーカン

東京都中野区東中野3-2-2
tel 03-5386-3666
9:30〜20:30 / 火曜休

年間約50種類もあるフレーバーのうち、ぶっちぎりで人気なのが"桜塩ミルクジェラート"。大定番の本格"バニラジェラート"も含め、すべてがパティシエの手作り。¥250〜というプライスもお財布にうれしい。

フロレスタ 高円寺店

東京都杉並区高円寺北3-34-14
tel 03-5356-5656
9:00〜21:00 / 不定休
nature-doughnuts.jp

フレーバーはこだわりの産地から原料を厳選したバニラとミルク(卵不使用!)の2種類だけ。シンプルイズベストな味わいをベースに、お好みでラムフルーツやジャムのトッピングをどうぞ。カップ¥380〜。

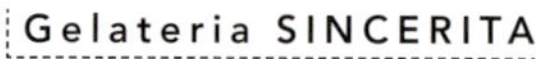

テイクアウトカップもめちゃくちゃキュート。サイトからお取り寄せも可能です。

Gelateria SINCERITA

東京都杉並区阿佐谷北1-43-7
tel 03-5364-9430
11:00〜21:00 / 無休
sincerita.jp

365日いつでも旬のフルーツを原料にしたフレッシュなジェラートに出合えるジェラテリア。定番フレーバーのメルノワ(ミルクをベースに森のはちみつとローストしたくるみ入り)はジェラートの世界大会で3位に入賞した実績も。毎月新フレーバーが登場する11日は"シンチェリータの日"って手帳に書き込んでおこっ♡　ソロ、デュオ、トリオの3種類、¥460〜(税込み)。

くりーむショップアドレス

あいすくりーむラバーズなら絶対に見逃せないショップが中央線の沿線にはまだまだいっぱい。今週末はどのあいすを食べに行く？

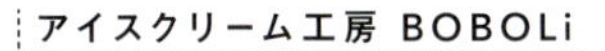

東京都杉並区西荻南2-23-8
tel 03-3333-9910
11:00～22:00 / 月曜休
boboli-i.com

ミルクの旨みを詰め込んだ“しぼりたて牛乳アイス”がお店の代名詞。体に優しい原料だけで作られた手作りのあいすは赤ちゃんのファーストあいすとして選ばれることも多いそう。シングル¥390～。

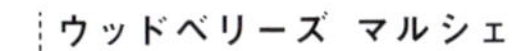

東京都武蔵野市吉祥寺本町1-20-14
tel 0422-27-1981
11:00～21:00 / 年末年始休
woodberrys.co.jp

ショーケースの中から好きなフルーツとフレーバーを選んで自家発酵のヨーグルトあいすと混ぜ混ぜしてもらう生フローズンヨーグルトが大人気。果物はこだわりの農家さんからの直送。Sカップ¥325～。

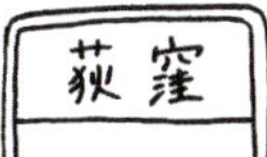

東京都杉並区上荻1-9-1 タウンセブンB1F
tel 03-3398-5406
10:00～21:00 /
休みはタウンセブンに準ずる
www.town7.net

“スウィートなフルーツ、フルーティなスウィーツ”がコンセプトのフルーツ専門店が手がけるジェラートショップ。まるでフルーツそのものみたいにジューシーな味わいは一度口にしたらやみつき！　シングルカップ¥252～。

東京都武蔵野市吉祥寺南町1-7-1 丸井吉祥寺店1F
tel 0422-48-0101
10:30～20:00 / 休みは丸井吉祥寺店に準ずる
buon-amore.com

「これで本当に砂糖不使用？」と叫びたくなるほど濃厚な味わいのスティックジェラート（¥400～）は、低カロ&フォトジェニックで超じょし向き♡　栄養たっぷりのグラノーラを選んでトッピングできるまろやかなジェラート（¥400～）は美肌を狙えるところも乙女心にメガヒット。

ちんかめ×イガリシノブ specialコラボ ♥

WHO is れんしば!?

人気青文字系モデル。右・古関れんと左・柴田ひかりのユニットがこの企画でグラビアに初挑戦! いろんな意味でスペシャル感、満載でしょ★

れんしば主演

CONVENI

ICE CREAM & SEXY

あいすくりーむとセクシー

フォトグラファー内藤啓介氏プレゼンツ!
おしゃれでセクシーなグラビア=ちんかめと、女の子のハートをわしづかみにしているイガリメイクのコラボが実現。
甘くとろけるあいすくりーむをトッピングしてめしあがれっ♡

フルーツシャーベットって、どこか夏の恋に似ているね。

パピコ　チョココーヒー

¥130／グリコ

カフェラテと生チョコをブレンドした、甘くてさっぱりしたフローズンスムージー。2本入りだから、親友や彼との分けっこにうってつけだよね。

2

ホームランバー

¥330／協同乳業

マイルドでコクのあるバニラ味とビター&スウィートなチョコレート味が5本ずつ入ったお徳用パック。アタリ棒付きだよん♪

ガリガリ君

各¥70／赤城乳業

その名の通り、ガリガリ食感のあいすキャンディは夏の風物詩。ロングセラーのソーダ味の他にも遊び心たっぷりの限定フレーバーが続々。

GARI GARI....

ガリガリっていう音。「会いたいのに
会えない」乙女の切ない叫びかも。

人生ってあいすくりーむ
みたいなもんさ。……なめてかかる
ことを学ばないとね！

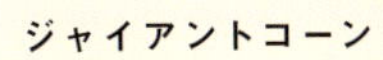

ジャイアントコーン

¥160／グリコ

ナッツをのせたチョコをパリパリ食べ進めるとバニラあいす、サクサクのコーン、クリスピーチョコが次々と顔を出す怒濤の美味しさに心酔♡

5

エッセル スーパーカップ

各¥130／明治

コスパ最強のカップアイス。定番の超バニラ味とチョコクッキー味はいつもどっちを選ぼうか迷っちゃう。

6

クランキーアイスバー

¥130／ロッテアイス

サクサクしたパフ入りのチョコレート
であいすくりーむをコーティングした
アイスバー。バニラが濃厚なんだ。

Instagramで見つけた

#あいすくりーむとじょし

@ moep__dayo
家族とイオンで食べた人生初のサーティワン(萌衣子/ Happy3days)

@ nakano_maru524
かき氷、フレーバーいちご、買ったお店セブンイレブン(Nakanoまる)

@ ozapure15
ダイマル乳品「北海道牛乳ソフト」おいちい(尾崎由香)

@ shojoshoujoshisu
名古屋港水族館ペンギンコーナー横の売店のキウイソフト(ナカムラルビイ)

@sahirororo
風呂上がりに食べるセブンのワッフルコーン。チョコバニ(中村ちひろ)

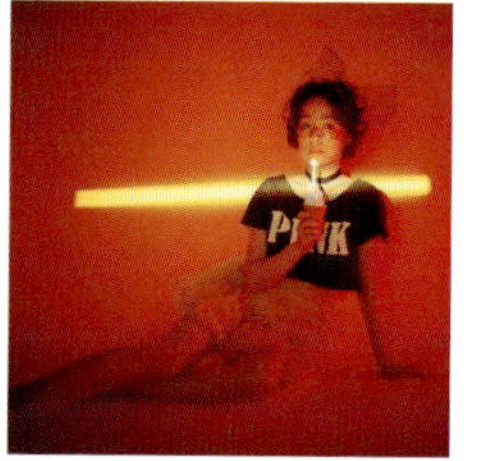

@ yuihosokawa0622
映画『天使の涙』に出てくるアイスクリーム屋台で押し売りされたアイス(細川唯)

@sumire_0701
ローソンのウチカフェフラッペ、マンゴーフレーバー(すみれ)

@ obme_151cm
セブンで買った森永製菓「チョコフレークバー(ホワイト)」(おおぶもえ)

@linq_manami
家の近くのスーパーで王道ホームランバー(桜愛美/ LinQ)

@ ririkomasuzawa
代官山のパレタス大好き〜(増澤璃凜子)

@ princessdreamff
大好きなハーゲンダッツのストロベリー(姫川風子/ヲルタナティヴ)

@ p_q_unaco
パリッテのバニラ&ショコラ!(優雨ナコ/クマリデパート)

@ traum_katze
ヤマザキ限定の31アイスです、食後に食べた(工藤ちゃん)

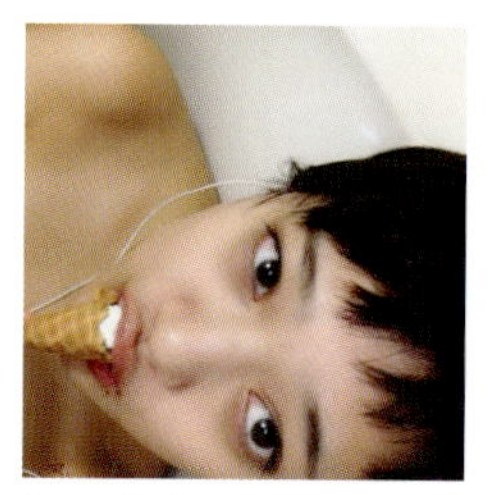

@aya.kitai
セブンイレブンで買った。フレーバーはチョコバニラ(希代彩)

@ naatumi_x
ファミマでの北海道ミルクバニラ。濃厚でとろけた…(石川夏海/アキシブproject)

@ hondamiku
札幌の前田森林公園売店のチョコアイス(本田みく/ 2代目HAPPY少女)

毎日だって食べたい
★★★★★★★★★★★★
コンビニあいす
パラダイス
★★★★★★★★★★★★
コンビニのあいすケースは、コインで買えるのが嘘みたいな名作がズラリと顔を揃えるあいすくりーむパラダイスだって、もう気づいてた？
諸事情によりコンビニエンスストアでお取扱いがなくなる場合もございます。

1 レディーボーデン パイント

バニラ オープン価格

厳選された素材ならではの上質な味わい。プレミアムあいすとして愛されている。／ロッテアイス

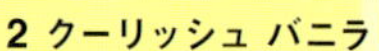

2 クーリッシュ バニラ

¥130

バニラなのにスッキリ甘いのが新鮮。ワンハンドで飲めるクラッシュあいす。／ロッテアイス

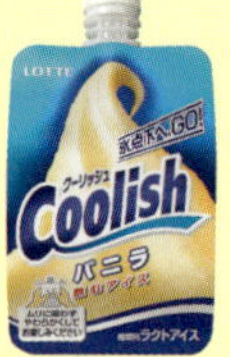

3 爽 バニラ

¥126

コクのあるバニラあいすを微細氷とドッキング。シャーベット感覚で味わえてハッピー♪／ロッテアイス

★

Vanilla

バニラ

王道だけどやっぱり何度も立ち返っちゃう。シンプルイズベストなバニラあいすのあいすくりーむとじょしレコメンドはこちら。

4 雪見だいふく

2個入り ¥130

バニラあいすを薄くてふわふわ&もちもちのお餅で包んだ大ロングセラーの和あいす。／ロッテアイス

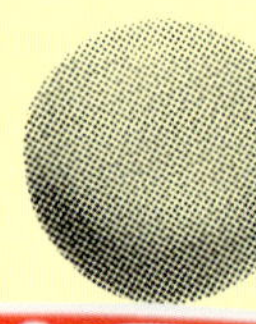

5

6

7

5 ブラック

¥70

コクがあるのにスッキリとした甘さのチョコレートバー。隠し味は深煎りピーナッツ。／赤城乳業

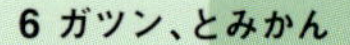

6 ガツン、とみかん

¥130

国産のみかん果汁、果肉を40%使用。しぼりたてのジュースみたいにフレッシュさ！／赤城乳業

7 あずきバー

¥100

メーカー独自の製法で炊き上げた小豆を材料にした本格的な味わい。まろやかで癒やされる。／井村屋

8 BIGスイカバー

¥100

すいか果汁入りのバーに種を模したチョコチップを入れて見た目もすいかを再現。／ロッテアイス

★

Popsicle

バー

なんたって、ワンハンドでおしゃれに口に運べるのがうれしい♪　フレーバーも豊富で気分に合わせて選べちゃう。

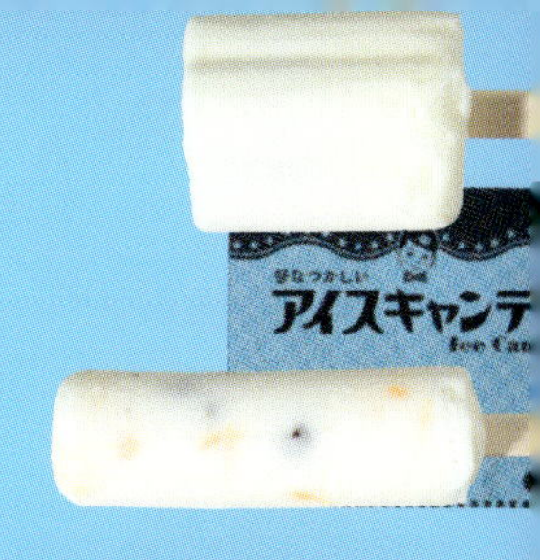

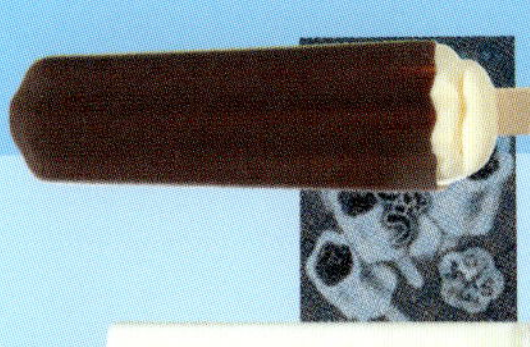

9 HERSHEY'S チョコレートアイスバー

7本入り ¥330

バニラを濃厚な味わいのチョコでコーティングしたバーは、パリッとした食感も◎。／ロッテアイス

10 あいすまんじゅう

5本入り ¥300

やわらかなつぶあんをバニラあいすで包んだ和風アイス。こたつで食べたい。／センタン（林一二）

11 アイスキャンデー ミルク味

6本入り ¥300

国産の練乳をたっぷり使用したミルクタイプのバー。ノスタルジックで♡。／センタン（林一二）

★

Party

パーティー

家族や友達が大集合した時は、パーティサイズのあいすパックに限るっしょ！
1個がミニだからダイエット中も安心。

12 白くま

6本入り ¥300

微細氷の練乳あいすの中にフルーツの果肉と小豆がイン。甘さと爽やかさが共演。／センタン（林一二）

13 ヨーロピアン シュガーコーン

5個入り ¥330

チョコレートソースがけのバニラあいすをワッフル生地のシュガーコーンに。／クラシエ フーズ

14 PARM(パルム) チョコレート

¥130

チョコレートとバニラあいすが同時に溶けていく口どけがみんなを虜にする最大の秘密。／森永乳業

★

チョコバニラ

チョコレートとバニラあいすくりーむの出会いは、もはや運命だと思うの♡　このカップルに勝てるフレーバーなんてない！

15 ビエネッタ バニラ

¥500

マスカルポーネを使用したバニラあいすにパリパリのチョコを重ねたケーキタイプ。／森永乳業

17 ザ・クレープ チョコ＆バニラ

¥126

ザクザクのチョコフレークが何層も入ったバニラあいすをクレープシートでくるん♪　／森永製菓

16 チョコバリ

¥120

クランチチョコとバニラあいすがフュージョン。単品売りとマルチパックがあるよん。／センタン(林一二)

18 ピノ

6粒入り ¥130

一口大のバニラあいすをチョコでコーティング。プチハッピー気分が6回味わえちゃう。／森永乳業

19

19 アイスボックス 〈グレープフルーツ〉

¥100

体のクールダウンと水分補給がスピーディにできるからスポーツのお供に最適。／森永製菓

20 メロンボール

¥130

レトロなメロン型のパッケージの中にはなめらかな食感のメロンシャーベットが♡／井村屋

20

★

Sandwich

サンド

甘くておいしい食感のサンドとあいすが一度に楽しめるからかな……？　サンドあいすってなーんかおトクな気分。

21 クリスピーサンド キャラメルクラシック

¥272

キャラメルあいすをビターなキャラメルでコーティングして、ウエハースでサンド。／ハーゲンダッツ ジャパン

22 ビスケットサンド

¥126

上品でやさしい味わいのバニラあいすをしっとりビスケットにはさんだ名品。／森永製菓

★

フレッシュ

甘いのはちょっと苦手……って話す彼の口にすかさず放り込みたいのがこのグループ。あいすは爽やかだって得意なの★

22

23 ルマンドアイス

¥225

大人気のクレープクッキールマンドがあいすに変身。北陸などエリア限定発売。／ブルボン

24 やわもちアイス つぶあんミルク最中

¥130

やわらかなおもち、粒あん、ミルクあいすのハーモニーは飽きないおいしさ！　／井村屋

★

Monaka

モナカ

中に何が入っているのかパッと見ナイショなところがまず心をくすぐる♡　誰かと分けて食べやすいところも乙女心にヒット。

25 たい焼アイス

¥130

粒あんとバニラクリームが頭から尻尾までびっしり。おまけにチョコも仕込んでる。／井村屋

26 チョコモナカジャンボ

¥130

チョコもモナカもパリパリの食感！　バニラあいすがすみずみまでたっぷり。／森永製菓

27 MOW（モウ）バニラ

¥130

マダガスカル産の天然バニラ香料が味わいに一層の深みをプレゼント。とにかく芳醇。／森永乳業

28 モン・パティシエ ラムレーズン

¥130

ラム酒の芳醇な香りが際立つあいすの中にやわらかなレーズンを入れた贅沢な味わい。／協同乳業

29 モン・パティシエ ショコラオランジュ

¥130

チョコレートの中に洋酒やオレンジピールを忍ばせた三輪パティシエこだわりの逸品。／協同乳業

30 サンデーカップ〈パリパリチョコ〉

¥140

パリパリチョコ、バニラアイス、チョコソースを重ねた、底まで大満足のパフェあいす。／森永製菓

★

Cup

カップ

あいすくりーむをスプーンですくう瞬間って無条件に幸せな気持ちを運んでくれるのは、なぜ？　お風呂上がりはなお最高！

31 パナップ グレープ

¥130

ミルクあいすの中に巨峰ブレンドのグレープソースをうず巻き状にイン。甘くてジューシー！／グリコ

日本中のじょしがラブコール♥

ファミリーレストランの本格ごちそうあいすくりーむ

家族や友達と大人数でわいわい食事を楽しむのが醍醐味のファミレスには
ニューカマーから懐かしのロングセラーまで、名作が顔を揃えてるっ！
こだわりがいっぱい詰まったごちそうレシピをみんなでおいしくほおばって♡
※店舗・期間により内容が異なります。

※写真はイメージです。

話題の＼ストーンアイスパフェ／をいざ実食！

キンキンに冷えた器に入ったあいすやケーキをザクザク混ぜてお口へ。作るのも食感も楽しい新感覚のパフェ。

Entry No 1

Caféレストラン ガスト

ガストは、スペイン語で"おいしい"、"楽しく味わう"という意味。コスパのいいこだわりメニューがいっぱい♪

MAZE

MAZE

DEKITA♪

ストーンアイスパフェ チョコブラウニー&バナナ

チョコブラウニー、チョコとバニラのアイス、ホイップ、ワッフルチップ入り。¥499

ストーンアイスパフェ 宇治抹茶&白玉きなこ

宇治抹茶アイス、つぶあん、白玉、チョコブラウニー…… etc.を混ぜ混ぜ。¥549

Caféレストラン ガスト関前店

東京都武蔵野市関前5-11-11
tel 0120-125-807
（すかいらーく お客様相談室）

プライスといいメニューといい、まるで自分の家のダイニングみたいな感覚で足を運べるところが超魅力♡　旬の食材をメインにした季節限定メニューが続々と登場するからこまめに通おっ。

Entry No 2

Hospitality Restaurant Royal Host

ぬくもりあふれるオレンジのロゴがトレードマークの
ホスピタリティレストラン。厳選された食材でできた
珠玉のあいすメニューに、さあ、会いに行こう。

サンデーの上から少しずつ、温かいチョコレートソースをかけてパクリ。バナナやナッツ、ブラウニーやグラハムビスケットと遭遇するたび、味わいが新鮮になってハピフルに。ホイップとのバランスも**GOOD♪**

ヨーグルトジャーマニー

バニラアイスやバナナ、黄桃を贅沢に入れてヨーグルトとブルーベリーソースで味わいをさっぱり。**¥580**

ホットファッジサンデー

レトロで大きなグラスの中にはバニラやチョコレートのアイスがぎっしり。見た目もキュート♡ **¥600**

Royal Host

Royal Host桜新町店

東京都世田谷区桜新町1-34-6
tel 03-5705-8812
(ロイヤルホールディングス お客様相談室)

いつか映画の中で見たダイニングのような雰囲気はリラックスムード満点。とっておきのお料理とおもてなしを心ゆくまで楽しんで。旬の食材が主役のスウィーツも次々と登場するから、見逃せない!

Entry No 3

Jonathan's COFFEE & RESTAURANT

アメリカのコーヒーショップがルーツの店舗はアットホームなムードが魅力。毎日だって通いたくなっちゃう。

黒蜜をかけてとろけたソフトクリームと抹茶わらび餅のハーモニーがたまらない。緑茶で気分もほっこり。

抹茶わらびもちソフト

抹茶をふんだんにまぶしたわらび餅の上にソフトクリームをたっぷりトッピング。とろとろの黒蜜をかけてどうぞ。あったかい緑茶つき。¥469

コレもおいしいよ♡

バニラ&選べるアイスマカロン添え

バニラともう1つ、好きなフレーバーのアイスを選べる。ホイップとマカロンをトッピング。¥349

黒ごま白玉ソフト

黒ゴマソースともっちもちの白玉の上に黒蜜をかけたソフトクリームをオン。後味、さっぱり。¥369

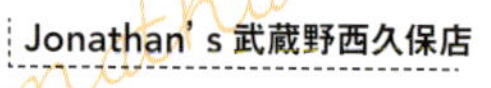

Jonathan' s 武蔵野西久保店

東京都武蔵野市西久保1-26-9
tel 0120-125-807
(すかいらーく お客様相談室)

ロードサイドのこちらの店舗は、開放的なテラスもあって、海外にトリップしたような雰囲気。シーズナルのメニューも捨てがたいけど、あいすくりーむとじょしメンツのイチオシは和スウィーツ。

Entry No 4

ドアを開けた瞬間「デニーズへようこそ！」の合い言葉でお出迎え。高級レストランさながらのメニューがご自慢のお店はあいすも絶品。

チョコレートホリックをも唸らせるチョコずくめの味わいは魅惑的すぎてまさに小悪魔！　トッピングされているチョコレートは、オリジナルのロゴ入り。

DEVIL'S
ブラウニーサンデー

チョコアイス、チョコプリン、ココアコーン、ブラウニー。チョコ界の主役たちが一堂に集結。¥549

ミニチョコサンデー

ミニサイズだから、食べても罪悪感少なめでいられてハッピー。¥349
（一部取り扱いのない店舗あり）

Denny's

Denny's

tel 0120-743-533

旬の食材の旨みを生かしたメニューをラインナップ。季節限定デザートは1～2ヵ月に1回登場するから要チェック。八丁堀店はカウンターシートがあるから、ひとりでも気軽にドアをノックできる♪

＼ みーんな大好き♡ ／

baskin BR robbins
サーティワン アイスクリーム
&

seventeen ice

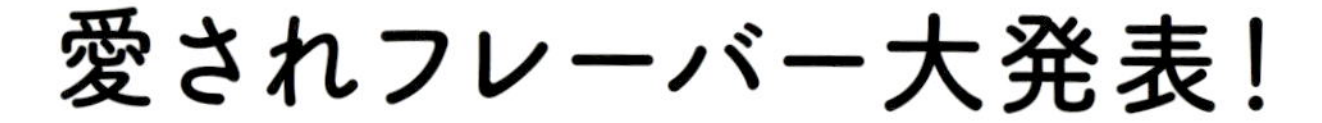

ショップの前を通りかかるたび、ショーケースをチラリ。自販機に遭遇するたび思わずボタンをポチり。
子供の頃から愛してやまない2大あいすブランドの“なう”な人気フレーバーをリサーチ♪　次回、参考に！

baskin BR robbins
サーティワン アイスクリーム

人気フレーバーTOP15★

1位
ポッピングシャワー

ミントとチョコ風味のあいすくりーむの中に弾けるポップロックキャンディがふんだんに♡

2位
キャラメルリボン

お口の中でとろけるキャラメルリボンをバニラあいすくりーむの中に閉じ込めた名作。

3位
ストロベリーチーズケーキ

チーズケーキのあいすくりーむにストロベリーリボンとリアルなチーズケーキ入り！

4位
ベリーベリーストロベリー

香り高いいちごをあいすくりーむの中にぎゅっと詰め込んだロングセラー。

5位
チョコレートミント

ミントあいすくりーむの中にチョコレートチップをブレンド。甘さ控えめで後味さっぱり。

6位
バニラ

コクのある濃厚リッチな味わいはまさにシンプルイズベスト！ ブランドの自信作デス。

7位
ラブポーションサーティワン

ラズベリーとホワイトチョコ風味のあいすにラズベリーソース入りの♡のお菓子をイン！

8位
抹茶

原料に宇治茶の老舗"北川半兵衛商店"の抹茶だけを使用したこだわりのフレーバー。

9位
マスクメロン

日本で商品開発した、香り高いマスクメロンのあいすくりーむ。(無果汁)

10位
チョップドチョコレート

ミルクチョコレートのあいすくりーむの中に、ランダムに砕いたビターチョコがザクザク！

11位
チョコレート

まろやかでいてちょっぴりビター。チョコレート好きの人も納得の絶妙リッチな味わい。

12位
ナッツトゥユー

アーモンド、カシュー、ピーカン、ピーナッツ、ウォールナッツの5種類のナッツが踊る♪

13位
オレンジソルベ

太陽の恵みをたっぷり受けたジューシーなオレンジそのまま！ 甘くてさっぱり、美味〜。

14位
ジャモカアーモンドファッジ

香り高い本格派コーヒーあいすくりーむにアーモンドとチョコレートのリボンがマッチ！

15位
ラムレーズン

ラムの香りが漂うあいすくりーむの中にレーズンをミックス。ちょっぴり背伸びな味わい。

＊2017.1時点

Baskin-Robbins

世界約50ヵ国に展開する世界最大のあいすくりーむ専門チェーン。"We make people happy"を理念に掲げ、季節に合わせた31種類のあいすくりーむをお届け。続々登場する限定フレーバーも見逃せない！

17 seventeen ice

6大人気フレーバー、大発表

ミルク&カフェオレ

ミルクとカフェオレのマリアージュによるミルキーな味わいに誰もがうっとり。¥130

ソーダフロート

ソーダシャーベットとバニラあいすをマーブル状に。可愛くてフォトジェニック♪¥130

ワッフルコーンバニラ

北海道産の生クリームを使った濃厚な味わい。メープルの隠し味にもときめく♡¥130

苺のベイクドチーズケーキ

チーズケーキあいすの中に苺の果肉とバタークッキーがたっぷり。天面はチョコ。¥200

クッキー&チョコチップ

バニラあいすにチョコクッキーとパリパリのチョコチップをインしたロングセラー。¥130

ミルクあずきモナカ

甘みたっぷりのあずきの粒あんをミルクあいすと一緒にモナカの皮でサンド! ¥130

＊すべて自動販売機価格(税込)

seventeen ice

駅のホームやアミューズメント施設、公園でバッタリ遭遇できてラッキー☆
“えらべて楽しい! 見つけておいしい!”がコンセプトの、自動販売機で買えるオリジナルあいすの総称。プロデュースは「グリコ」!

デパートの屋上で食べると
なおさらめちゃうまっ♡

※2016年9月撮影時

ICECREAM
ICECREAM AND GIRL
GIRL AND

おわりに

「あいすくりーむ好き」は、
どんなナチュラル志向の時代が来ても
どんなに体重が肥えても、続きます。
食べようあいすくりーむ。
楽しもうメイキャップ♡

イガリシノブと
あいすくりーむじょし委員会

しょっぷりすと

Ice

赤城乳業　0120-571-591
アークティック　06-6641-3731
イグル氷菓　0467-32-3539
井村屋　0120-756-168
ÉCHIRÉ MAISON DU BEURRE　www.echire-shop.jp
エストローヤル　078-391-5063
片岡物産 お客様相談室　0120-941440
椛島氷菓　0944-74-5333
桔梗屋　0553-47-3700
協同乳業 お客様サポート　0120-369817
グリコお客様センター　0120-917-111
クラシエ フーズ　0120-202903
小松屋本店　0182-32-0369
551蓬莱 オンラインショップ　0120-047-551
寿恵広　0594-23-1466
ニューヨーク堂　095-822-4875
NOAKE TOKYO　03-5849-4256
林一二　0120-781-255
ハーゲンダッツ ジャパン　0120-190-821
パティスリートゥーストゥースアトリエ 本店　0800-200-1358
ポアール帝塚山本店　06-6623-1101
ブルボンお客様相談センター　0120-28-5605
BEN&JERRY'S　0120-500-985
北極　06-6641-3731
明治 お客様相談センター　0120-370-369
森永製菓 お客様相談室　0120-560-162
森永乳業 お客さま相談室　0120-082-749
山村乳業　0596-28-4563
ヨックモック　0120-033-340
ロッテアイス お客様相談室　0120-106-244

Goods&Clothes

ギャラリー・ドゥー・ディマンシュ　03-3408-5120
グローバル プロダクト プランニング　03-3770-6170
Cerise　03-6418-4330
nail salon Lemy　080-9410-0123
BIRTHDAY BAR　birthdaybar.jp
BILLIONAIRE BOYS CLUB TOKYO　03-5770-0018
Fancy a la mode　fancyalamode-me.ocnk.net
フライング タイガー コペンハーゲン 表参道ストア　03-6804-5723
プラザクリエイト　03-3532-8854
BONTON　www.melrose.co.jp/bonton/
yakusoku　03-5913-7104
Lamp harajuku　03-5411-1230
RiaRia　078-392-5676

Cosmetics

井田ラボラトリーズ　0120-44-1184
エチュードハウス　0120-964-968
msh　0120-131-370
エレガンス コスメティックス　0120-766995
コーセー　0120-526311
コーセーコスメニエンス　0120-763328
シャンティ　0120-561114
シュウ ウエムラ　03-6911-8560
THREE　0120-898-003
常盤薬品工業 サナ お客さま相談室　0120-081-937
パルファム ジバンシィ〔LVMHフレグランスブランズ〕　03-3264-3941
ポール & ジョー ボーテ　0120-766996
M・A・C（メイクアップ アート コスメティックス）　03-5251-3541
メイクアップフォーエバー　03-3263-9321
メイベリン ニューヨーク お客様相談室　03-6911-8585
リンメル　0120-878-653

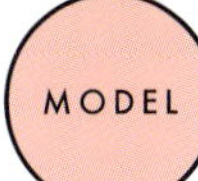

MODEL

今川宇宙　@uchusenshi

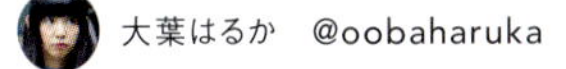

大葉はるか　@oobaharuka

垣内彩未　@kakiuchiayami

川村安奈　@anna_k53

菅明日香　@asukan71

黒宮れい　@suicide_u

古関れん　@renkoseki

紗英　@0916_sae

三枝こころ　@kokoro_golf

佐藤優津季　@yuzuki__sato

柴田ひかり　@shibatahikari

祝茉莉　@syukumari

菅本裕子　@yukos0520

小鳥遊しほ　@shihotakanashi

竹内れお　@l__6mm

玉紅　@etrenne_official

筒井のどか　@_tsunogram

中尾有伽　@yuuka_nakao

保紫萌香　@moekappa823

増澤璃凜子　@ririkomasuzawa

村瀬紗英　@saepiiii.m

山田愛菜　@aina_yama

優雨ナコ　@p_q_unaco

由布菜月　@yufudayo

弓ライカ　@yumi_raika

来夢　@raimu0726_official

和田えりか　@_wadaerika

STAFF

PHOTOGRAPHS
内藤啓介〔kiki〕(MODEL)
飯田えりか(MODEL)

伊藤泰寛〔講談社〕(STILL)
武藤 誠〔講談社〕(STILL)

STYLING
柾木愛乃(MODEL)
大竹恵理子(KIMONO)
大島有華(STILL)

DESIGN
林 愛子
藤川コウ
阿部 熱

ILLUSTRATION
ユリコフ・カワヒロ

WRITE
平井聡美

EDIT&WRITE
石橋里奈

EDIT ASSISTANT
小川千波

EDITOR IN CHIEF
イガリシノブ〔BEAUTRIUM〕

SPECIAL THANKS
北原 果

Hair& Make-up Artist
イガリシノブ [Igari Shinobu]

2005年BEAUTRIUMヘアメイクチームに所属。ファッション誌を中心に、コレクション・広告・TV・LIVEなどのヘアメイクを手がける他、化粧品開発ディレクターや専門学校での特別講師を務めるなど、幅広く活動。ファッション性の高い創造力と持ち前の明るいキャラクターで、多くの女優・アーティストから支持され続けている。2015年に自身初となるメイクブック『イガリメイク、しちゃう?』(宝島社)を発売し、大ヒットする。同年Yahoo!検索大賞メイク部門で「イガリメイク」というワードが1位となり、国内のみならずアジアでも社会現象を巻き起こす。ブライダルヘアメイクブック『ハレの日のイガリ的ヘアメイク』(世界文化社)、最新著書『イガリ印 365日メイク図鑑』『イガリ化粧〜大人のためのメイク手帖〜』(ともに講談社)もヒット記録を更新中。2016年冬より、「BEAUTRIUM ACADEMY」に参加。詳細はBEAUTRIUMウェブサイト(beautrium.com)まで。Instagramのアカウントは@shinobuigari

あいすくりーむとじょし委員会

あいすくりーむが大好きな女子による、あいすくりーむが大好きな女子のための無駄にかわいい誰でも参加型委員会。女子×あいすくりーむの写真をお店の名前、商品名などを記載して、#あいすくりーむとじょし で投稿してね♡
Instagram▶ @icecream_to_joshi
Twitter▶ @icecreamtojoshi

あいすくりーむとじょし

2017年4月13日 第1刷発行

著者 イガリシノブとあいすくりーむとじょし委員会
発行者 鈴木哲
発行所 株式会社 講談社
〒112-8001 東京都文京区音羽2-12-21
編集 03-5395-3522
販売 03-5395-4415
業務 03-5395-3615
印刷所 慶昌堂印刷株式会社
製本所 慶昌堂印刷株式会社

ISBN978-4-06-220350-0